"集成电路设计与集成系统"丛书

集成电路版图设计
从入门到精通

邹雪 孙晓东 杨影 编著

Integrated Circuit Layout Design
From Beginner to Proficient

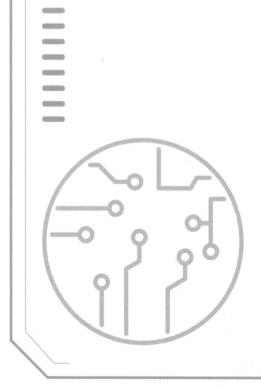

化学工业出版社
·北京·

内容简介

本书从一般制造工艺讲起，分别介绍了常见器件的版图设计方法，然后讲解版图验证方法，最后通过典型实例，将各个知识点串联起来，应用华大九天EDA工具，从原理图的输入、版图布局布线、版图优化、后端验证到后仿真，完成全定制版图的全流程设计。

主要内容包括：半导体制造基础知识、典型工艺、操作系统、Aether软件与操作指导、MOS管版图设计、电阻的版图设计、电容的版图设计、双极型晶体管版图设计、二极管的版图设计及应用、特殊处理专题、版图验证、后仿真、版图设计实例以及设计技巧。

本书可为集成电路、芯片、半导体及相关行业的工程技术人员提供帮助，也可作为教材供高等院校相关专业师生学习参考。

图书在版编目（CIP）数据

集成电路版图设计从入门到精通 / 邹雪，孙晓东，杨影编著. -- 北京 : 化学工业出版社，2025.3. （"集成电路设计与集成系统"丛书）. -- ISBN 978-7-122-46966-3

Ⅰ. TN402

中国国家版本馆CIP数据核字第2025XC2469号

责任编辑：贾 娜　　　　　　　文字编辑：王 硕
责任校对：宋 玮　　　　　　　装帧设计：史利平

出版发行：化学工业出版社
　　　　　（北京市东城区青年湖南街13号　邮政编码100011）
印　　装：河北京平诚乾印刷有限公司
787mm×1092mm　1/16　印张13 3/4　字数329千字
2025年5月北京第1版第1次印刷

购书咨询：010-64518888　　　　　　售后服务：010-64518899
网　　址：http://www.cip.com.cn
凡购买本书，如有缺损质量问题，本社销售中心负责调换。

定　　价：79.00元　　　　　　　　　版权所有　违者必究

前言

集成电路（IC）作为现代电子技术的核心，其设计和制造技术已成为衡量一个国家科技发展水平的重要标志。集成电路版图设计作为芯片制造中连接电路设计与半导体制造的桥梁，其设计优劣直接影响到集成电路的性能、成本和可靠性，对整个电子产业的发展起着至关重要的作用。随着信息技术的飞速发展，集成电路版图设计行业正迎来前所未有的发展机遇和挑战。本书依托国产EDA软件华大九天，旨在为工程师、学生以及所有对集成电路设计感兴趣的人士提供一本全面、系统的学习和参考书籍。

华大九天作为国内领先的EDA软件供应商，在集成电路设计领域有着广泛的应用。本书依托华大九天EDA软件，将理论知识与实践操作紧密结合，从集成电路版图设计的基础知识入手，逐步深入到高级应用，内容覆盖了集成电路版图设计的各个方面。通过多个企业典型案例，讲解全定制版图设计的全流程，包括原理图的输入、版图布局布线、版图优化到后端验证等，使读者能够更好地理解和掌握版图设计的关键技术。紧密结合国产EDA工具，并引入最新的版图设计理念和设计技巧，保持与行业发展同步。从培养读者能力入手，以实用、切合实际为原则，为读者提供简明、直观、易懂的内容，适合不同层次的读者学习和使用。

全教材共包括13章内容，以下为各章内容简介：

第1章是半导体制造基础知识，主要介绍硅制造、氧化工艺、掺杂工艺、薄膜制备工艺、光刻技术、刻蚀工艺、金属化以及化学机械平坦化等关键步骤。

第2章是典型工艺，主要介绍几种典型的半导体制造工艺，包括标准双极工艺、CMOS工艺和BiCMOS工艺。

第3章是操作系统，主要介绍版图设计中常用的操作系统，主要是UNIX和Linux，以及它们在版图设计中的作用。

第4章是Aether软件与操作指导，主要介绍Aether软件的使用方法，包括电路图以及版图建立、版图设计规则等。

第5章是MOS管版图设计，主要介绍MOS管的结构、版图层次、设计技巧、匹配规则等。

第6章是电阻的版图设计，主要介绍电阻的测量方法、版图设计、集成电路中的电阻类型、电阻的寄生效应以及匹配方法等。

第7章是电容的版图设计，主要介绍电容器的特性、集成电路中的电容类型、电容的寄生效应以及匹配方法等。

第8章是双极型晶体管版图设计，主要介绍双极型晶体管的工作原理、版图设计、匹配设计规则等。

第9章是二极管的版图设计及应用，主要介绍二极管的版图设计、应用以及二极管的匹配方法等。

第10章是特殊处理专题，主要介绍集成电路设计中的一些特殊主题，如器件合并、ESD保护、保护环以及失效机制等。

第11章是版图验证，主要介绍版图验证的重要性、验证项目和工具，重点阐述了DRC和LVS验证的步骤和方法。

第12章是后仿真，主要介绍版图设计中后仿真，包括版图寄生参数提取流程、后仿真方法和步骤等。

第13章是版图设计实例以及设计技巧，通过具体的设计实例，介绍版图设计的流程、步骤和技巧等。

本书第1～6章由孙晓东编写，第7章、第8章由杨影编写，第9～13章由邹雪编写。本书由邹雪负责统稿。特别感谢杭州士兰集成电路有限公司提供了行业前沿发展情况和应用实例。

由于编著者水平有限，书中难免有不足之处，敬请读者批评指正。

编著者

目录

第1章 半导体制造基础知识 ... 001

1.1 ▶ 硅制造 ... 001
- 1.1.1 半导体级硅 ... 002
- 1.1.2 晶体生长 ... 002
- 1.1.3 晶圆制造 ... 003
- 1.1.4 晶圆制造设备 ... 006

1.2 ▶ 氧化工艺 ... 008
- 1.2.1 氧化物生长 ... 008
- 1.2.2 氧化物去除 ... 009
- 1.2.3 氧化设备 ... 010

1.3 ▶ 掺杂工艺 ... 010
- 1.3.1 扩散 ... 010
- 1.3.2 离子注入 ... 012
- 1.3.3 掺杂设备 ... 012

1.4 ▶ 薄膜制备工艺 ... 014
- 1.4.1 物理气相淀积 ... 014
- 1.4.2 化学气相淀积 ... 014
- 1.4.3 薄膜制备设备 ... 015

1.5 ▶ 光刻技术 ... 016
- 1.5.1 光刻胶 ... 016
- 1.5.2 光刻工艺流程 ... 017

1.6 ▶ 刻蚀工艺 ... 019
- 1.6.1 湿法刻蚀 ... 020
- 1.6.2 干法刻蚀 ... 020
- 1.6.3 刻蚀设备 ... 020

1.7 ▶ 金属化 ·········· 022
 1.7.1 金属类型 ·········· 022
 1.7.2 金属化设备 ·········· 025

1.8 ▶ 化学机械平坦化 ·········· 028
 1.8.1 化学机械平坦化原理 ·········· 028
 1.8.2 化学机械平坦化设备 ·········· 028

习题 ·········· 031

第 2 章 典型工艺 ·········· 032

2.1 ▶ 标准双极工艺 ·········· 033
 2.1.1 基本概念 ·········· 033
 2.1.2 工艺流程 ·········· 033
 2.1.3 应用器件 ·········· 034

2.2 ▶ CMOS 工艺 ·········· 035
 2.2.1 基本概念 ·········· 035
 2.2.2 工艺流程 ·········· 035
 2.2.3 应用器件 ·········· 037

2.3 ▶ BiCMOS 工艺 ·········· 038
 2.3.1 基本概念 ·········· 038
 2.3.2 工艺流程 ·········· 038
 2.3.3 应用器件 ·········· 039

习题 ·········· 040

第 3 章 操作系统 ·········· 041

3.1 ▶ UNIX 操作系统 ·········· 041

3.2 ▶ Linux 操作系统 ·········· 042
 3.2.1 Linux 操作系统简介 ·········· 042
 3.2.2 Linux 常用操作 ·········· 043
 3.2.3 Linux 文件系统 ·········· 051
 3.2.4 Linux 文件系统常用工具 ·········· 052

习题 ·········· 053

第 4 章　Aether 软件与操作指导 ... 054

4.1 ▶ Aether 软件介绍 ... 054

4.2 ▶ 电路图建立 ... 055

4.2.1　Aether 软件启动 ... 055
4.2.2　库文件建立 ... 056
4.2.3　电路图输入 ... 057
4.2.4　电路图仿真 ... 063
4.2.5　电路图层次化设计 ... 064

4.3 ▶ 版图建立 ... 067

4.3.1　版图设计规则 ... 067
4.3.2　版图工具的设置 ... 068
4.3.3　版图的编辑 ... 078

习题 ... 082

第 5 章　MOS 管版图设计 ... 083

5.1 ▶ 概述 ... 083

5.2 ▶ MOS 管的结构与版图层次 ... 084

5.3 ▶ MOS 管版图设计技巧 ... 086

5.3.1　源漏区共用 ... 086
5.3.2　特殊尺寸 MOS 管 ... 088
5.3.3　衬底连接与阱连接 ... 092

5.4 ▶ MOS 管匹配规则 ... 094

习题 ... 098

第 6 章　电阻的版图设计 ... 099

6.1 ▶ 电阻的测量 ... 099

6.1.1　宽度和长度 ... 099
6.1.2　方块电阻（薄层电阻） ... 100

6.2 ▶ 电阻版图 ... 101

6.3 ▶ 集成电路中的电阻类型 ———————————————————— 102
    6.3.1 　基区电阻 —————————————————————— 102
    6.3.2 　发射区电阻 ————————————————————— 102
    6.3.3 　多晶硅电阻 ————————————————————— 103
    6.3.4 　阱电阻 ——————————————————————— 103
    6.3.5 　扩散电阻 —————————————————————— 103
    6.3.6 　特殊电阻 —————————————————————— 104
    6.3.7 　电流密度 —————————————————————— 105
    6.3.8 　MOS管作有源电阻 —————————————————— 105

6.4 ▶ 电阻的寄生效应 ———————————————————————— 105

6.5 ▶ 电阻的匹配 —————————————————————————— 107

习题 ————————————————————————————————— 108

第 7 章　电容的版图设计 ———————————————————— 109

7.1 ▶ 电容器的特性 ————————————————————————— 109

7.2 ▶ 不同类型电容的比较 ——————————————————————— 110
    7.2.1 　发射结电容 ————————————————————— 110
    7.2.2 　MOS电容 —————————————————————— 110
    7.2.3 　多晶硅-多晶硅电容 —————————————————— 111
    7.2.4 　金属电容 —————————————————————— 112
    7.2.5 　叠层电容 —————————————————————— 112

7.3 ▶ 电容的寄生效应 ———————————————————————— 113

7.4 ▶ 电容的匹配 —————————————————————————— 114

习题 ————————————————————————————————— 114

第 8 章　双极型晶体管版图设计 ———————————————— 116

8.1 ▶ 双极型晶体管的工作原理 ————————————————————— 116

8.2 ▶ 标准双极型晶体管版图设计 ———————————————————— 117
    8.2.1 　标准双极型NPN晶体管 ———————————————— 117
    8.2.2 　标准双极型衬底PNP晶体管 —————————————— 120
    8.2.3 　标准双极型横向PNP晶体管 —————————————— 120

8.3 ▶ 双极型晶体管匹配设计规则 ———————————— 122

　　习题 ————————————————————————————— 122

第 9 章　二极管的版图设计及应用 ——————————— 123

　　9.1 ▶ 标准双极工艺二极管 ———————————————— 123

　　　　9.1.1　基本二极管 ——————————————————— 123

　　　　9.1.2　由双极型晶体管构造的二极管 ——————————— 123

　　　　9.1.3　齐纳二极管 ——————————————————— 124

　　9.2 ▶ CMOS 工艺二极管 ————————————————— 125

　　9.3 ▶ 二极管的匹配 ——————————————————— 126

　　　　9.3.1　PN 结二极管匹配 ————————————————— 126

　　　　9.3.2　齐纳二极管匹配 ————————————————— 127

　　　　9.3.3　肖特基二极管匹配 ———————————————— 128

　　习题 ————————————————————————————— 129

第 10 章　特殊处理专题 ———————————————— 130

　　10.1 ▶ 器件合并 ————————————————————— 131

　　　　10.1.1　合理合并 ——————————————————— 131

　　　　10.1.2　风险合并 ——————————————————— 131

　　10.2 ▶ ESD 保护 ————————————————————— 133

　　　　10.2.1　ESD 结构 ——————————————————— 134

　　　　10.2.2　ESD 种类 ——————————————————— 135

　　10.3 ▶ 保护环 —————————————————————— 136

　　　　10.3.1　保护环作用 —————————————————— 136

　　　　10.3.2　保护环种类 —————————————————— 137

　　10.4 ▶ 失效 ——————————————————————— 141

　　　　10.4.1　天线效应 ——————————————————— 141

　　　　10.4.2　电气过应力损伤 ———————————————— 142

　　习题 ————————————————————————————— 143

第 11 章 版图验证 —— 144

11.1 版图验证概述 —— 144
11.1.1 版图验证项目 —— 145
11.1.2 版图验证工具 —— 146

11.2 Argus DRC 验证 —— 147
11.2.1 Argus DRC 验证简介 —— 147
11.2.2 Argus DRC 验证步骤 —— 148
11.2.3 Argus DRC 验证具体修改方法 —— 149

11.3 Argus LVS 验证 —— 150
11.3.1 Argus LVS 验证简介 —— 150
11.3.2 Argus LVS 验证步骤 —— 151
11.3.3 Argus LVS 验证具体修改方法 —— 154

习题 —— 156

第 12 章 后仿真 —— 157

12.1 版图寄生参数提取流程 —— 157

12.2 后仿真方法以及步骤 —— 160

12.3 点对点电阻提取 —— 162

习题 —— 163

第 13 章 版图设计实例以及设计技巧 —— 164

13.1 CMOS 反相器版图设计 —— 165
13.1.1 项目创建 —— 165
13.1.2 CMOS 反相器电路图设计 —— 167
13.1.3 CMOS 反相器版图设计 —— 170
13.1.4 CMOS 反相器版图验证 —— 173
13.1.5 CMOS 反相器版图优化 —— 176

13.2 CMOS D 触发器版图设计 —— 176
13.2.1 项目创建 —— 177
13.2.2 CMOS D 触发器电路图设计 —— 177

  13.2.3　CMOS D 触发器版图设计 —— 180
  13.2.4　CMOS D 触发器版图验证 —— 183
  13.2.5　CMOS D 触发器版图优化 —— 185

13.3　运算放大器版图设计 —— 188
  13.3.1　项目创建 —— 188
  13.3.2　运算放大器电路图设计 —— 188
  13.3.3　运算放大器版图设计 —— 189
  13.3.4　运算放大器版图验证 —— 190
  13.3.5　运算放大器版图优化 —— 192

13.4　带隙基准源电路版图设计 —— 192
  13.4.1　项目创建 —— 193
  13.4.2　带隙基准源电路图设计 —— 193
  13.4.3　带隙基准源电路版图设计 —— 194
  13.4.4　带隙基准源电路版图验证 —— 196
  13.4.5　带隙基准源电路版图优化 —— 198

13.5　比较器版图设计 —— 199
  13.5.1　项目创建 —— 199
  13.5.2　比较器电路图设计 —— 199
  13.5.3　比较器版图设计 —— 200
  13.5.4　比较器版图验证 —— 202
  13.5.5　比较器版图优化 —— 204

习题 —— 205

参考文献 —— 206

本书内容

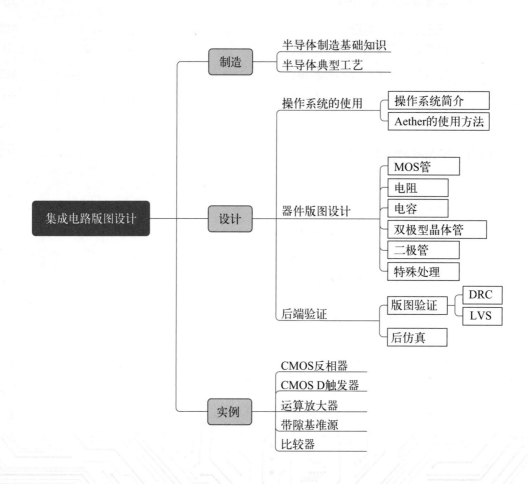

第 1 章
半导体制造基础知识

▶▶ 思维导图

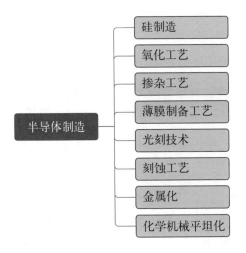

半导体制造是制造半导体器件的过程,半导体器件通常指日常电气和电子设备中的集成电路(integrated circuit, IC)芯片中使用的金属-氧化物-半导体(metal-oxide-semiconductor, MOS)器件。它是光刻和化学处理的多步骤序列,例如表面钝化、热氧化、平面扩散和结隔离等。在此过程中,在纯硅制成的晶圆上逐渐形成电子电路半导体材料。

1.1 硅制造

硅是一种很常见并且分布很广泛的元素,但是自然界中的硅通常都是以化合物的形式存在,比如:石英矿(又称硅石),几乎完全由二氧化硅构成;普通沙子主要由细小的石英颗粒组成，所以基本成分也是硅石。硅是用来制造芯片的主要半导体材料，也是半导体产业中最重要的原材料。

1.1.1 半导体级硅

制备芯片的硅材料必须是非常完美的单晶，所以天然硅石必须要提炼成半导体级硅（semiconductor-grade silicon, SGS）才可以用来制作芯片。有一些方法可以得到SGS，但是以下这种方式是最主要的。

① 在还原气体环境中，通过加热硅石来制备冶金级硅，化学反应式如下，得到纯度为98%的冶金级硅。

$$SiC(s) + SiO_2(s) \longrightarrow Si(l) + SiO(g) + CO(g)$$

② 由于冶金级硅的沾污程度很高，所以它对半导体制造没有用处，需要将冶金级硅压碎并通过化学反应生成含硅的三氯硅烷气体，化学反应式如下：

$$Si(s) + 3HCl(g) \longrightarrow SiHCl_3(g) + H_2(g)$$

③ 利用西门子法，将含硅的三氯硅烷气体用氢气还原制备出纯度为99.9999999%的半导体级硅，化学反应式如下：

$$2SiHCl_3(g) + 2H_2(g) \longrightarrow 2Si(s) + 6HCl(g)$$

工艺结束后，最终的产物虽然纯度极高，但仍然是多晶。集成电路只能采用单晶材料制作，下一步要生长合适的晶体，所以将淀积的SGS棒切成用于硅晶生长的小片。

1.1.2 晶体生长

晶体生长是把半导体级硅的多晶硅块转换成一块大的单晶硅，生长后的单晶硅被称为硅锭。制备单晶硅的方法有直拉法、磁控直拉法和悬浮区熔法。

直拉法是比较常用的制备单晶硅的方法，由于是切克劳斯基（J.Czochralski）在1918年发明的，所以也叫Czochralski法，也叫CZ法。这种方法采用一个装有半导体级多晶硅片的石英坩埚，将坩埚放在拉单晶炉中，硅锭就在那里生长。

① 熔硅：将坩埚内多晶料全部熔化。注意事项：熔硅时间不宜长。

② 引晶：将籽晶下降至与液面接近，使籽晶预热几分钟，俗称"烤晶"，以除去表面挥发性杂质，同时可减少热冲击。当温度稳定时，可将籽晶与熔体接触，籽晶向上拉，控制温度使熔体在籽晶上结晶。图1-1为引晶示意图。

③ 收颈：引晶后略微降低温度，提高拉速，拉一段直径比籽晶细的部分，其目的是排除拉速过快或直径变化太大引起的多晶和尽量消除籽晶内原有位错的延伸。颈一般要长于20mm。图1-2为收颈示意图。

④ 放肩：缩颈工艺完成后，略降低温度，让晶体逐渐长大到所需的直径为止。图1-3为放肩示意图。

⑤ 等径生长：当晶体直径达到所需尺寸后，提高拉速，使晶体直径不再增大，称为收

肩。收肩后保持晶体直径不变，就是等径生长。此时要严格控制温度和拉速。图1-4为等径生长示意图。

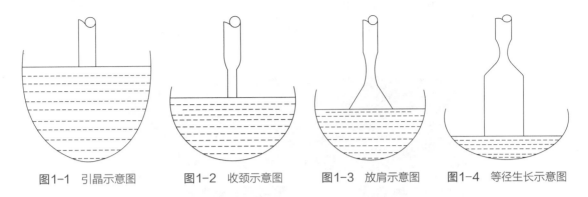

图1-1 引晶示意图　　图1-2 收颈示意图　　图1-3 放肩示意图　　图1-4 等径生长示意图

⑥ 收晶：晶体生长至所需长度后，拉速不变，升高熔体温度，或熔体温度不变但加快拉速，使晶体脱离熔体液面。图1-5为收晶示意图。

图1-6所示为制备好的单晶硅。

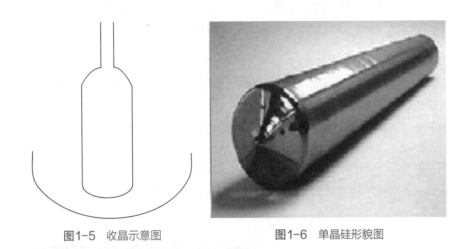

图1-5 收晶示意图　　　　图1-6 单晶硅形貌图

1.1.3 晶圆制造

硅是硬而脆的材料，晶体生长后的硅锭对半导体制造来说用处很小。圆柱形的单晶硅锭要经过一系列的处理过程，最后形成硅片，才能达到半导体制造的严格要求。这些硅片的制备步骤包括机械加工（整型处理、切片、磨片和倒角）、化学处理（刻蚀）、表面抛光（抛光、清洗）和质量测量（硅片评估）。

■ （1）整型处理

硅锭在拉单晶炉生长完成后，整型处理是接下来的第一步工艺。整型处理包括在切片之前对单晶硅锭做的所有准备步骤。

a. 去掉两端：第一步是把硅锭的两端去掉。两端通常叫作籽晶端（籽晶所在的位置）和非籽晶端（与籽晶端相对的另一端）。当两端被去掉后，可用四探针来检查电阻以确定整个硅锭达到合适的杂质均匀度。

b. 径向研磨：下一步是径向研磨来产生精确的材料直径。由于在晶体生长中，直径和圆度的控制不可能很精确，所以硅锭都要长得稍大一点以进行径向研磨。对半导体制造中流水线的硅片自动传送来讲，精确的直径控制是非常关键的。图1-7显示了径向研磨过程。

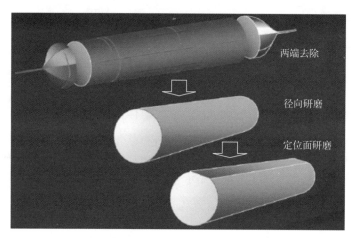

图1-7　硅锭径向研磨

c. 硅片定位边或定位槽：传统上，半导体业界在硅锭上做一个定位边来标明晶体结构和硅片的晶向。主定位边标明了晶体结构的晶向，如图1-8所示，还有一个次定位边标明硅片的晶向和导电类型。

在美国，硅片定位边在直径200mm及以上的硅片中已经被定位槽所取代。具有定位槽的硅片在硅片上的一小片区域有激光刻上的关于硅片的信息。激光刻印所在的位置和深度可能会引起在小激光标志周围产生沾污的担心。对直径300mm硅片来讲，已经对激光刻印达成了一个标准，即激光刻印于硅片背面靠近边缘的没有利用到的区域。定位槽和激光刻印如图1-9所示。

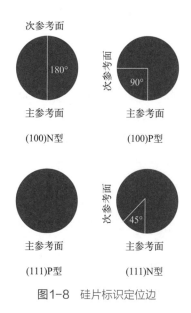

图1-8　硅片标识定位边　　　　图1-9　硅片定位槽和激光刻印

■ （2）切片

一旦整型处理完成，硅锭就准备进行切片。这是硅锭生长后的第一个主要步骤。对于直径200mm及以上硅片来讲，切片是用带有金刚石切割边缘的内圆切割机来完成的。使用内圆切割机是因为边缘切割时能更稳定，使之产生平整的切面。

对直径300mm的硅片来讲，由于大直径的原因，内圆切割机不再符合要求。直径300mm的硅锭目前都是用线锯来切的。对每一英寸❶硅晶体来说，线锯能比传统的内圆切割机产生更多的硅切片，这是因为用浆料覆盖的线来代替金刚石覆盖的锯刃，有更薄的切口损失。线锯在切片过程中减少了对硅片表面的机械损伤，但在切片的时候对硅片表面平整度控制方面还存在问题。设备的进步正在解决直径300mm及以上硅片的切片问题，以达到精确控制硅片尺寸的目的。

■ （3）磨片和倒角

切片完成后，传统上要进行双面的机械磨片以去除切片时留下的损伤，达到硅片两面高度的平行及平坦。磨片是用垫片和带有磨料的浆料利用旋转的压力来完成的，典型的浆料包括氧化铝或硅的碳化物以及甘油。在硅片制备过程的许多步骤中，平整度是关键的参数。

硅片边缘抛光修整（又叫倒角）可使硅片边缘获得平滑的半径周线。抛光硅片边缘实际发生在腐蚀工艺之后。边缘研磨，又称为边缘整形，是在腐蚀之前进行的。在硅片边缘的裂痕和小裂缝会在硅片上产生机械应力并产生位错，尤其是在硅片制备的高温过程中。小裂缝会在生产过程中成为有害沾污物的聚集地并产生颗粒脱落。平滑的边缘半径对于将这些影响降到最小来说是重要的。而且，破裂的硅片边缘在硅片制备的热处理中会引起边缘位错生长。

■ （4）刻蚀

硅片整型使硅片表面和边缘损伤及沾污。硅片损伤的深度依赖于生产厂家的特定工艺，但一般有几微米深。为了消除硅片表面的损伤，硅片供应商采用了一种叫硅片刻蚀或化学刻蚀的技术。硅片刻蚀是一个利用化学刻蚀选择性去除表面物质的过程。硅片经过湿法化学刻蚀工艺消除硅片表面损伤和沾污。在刻蚀工艺中，通常要腐蚀掉硅片表面约20μm的硅以保证所有的损伤都被去掉。刻蚀可以用酸性或碱性化学物质进行，这取决于在什么地方进行刻蚀。

■ （5）抛光

制备硅片的最后一步是化学机械平坦化（chemical mechanical polishing, CMP），它的目标是获得高平整度的光滑表面。CMP又叫化学机械抛光。对直径200mm及以上的硅片来说，传统上CMP仅对上表面进行抛光，背面仍保留化学刻蚀后的表面。这就会在背面留下相对粗糙的表面，大约要比经过CMP后的表面粗糙三倍。它的目的是提供一个粗糙表面来方便器件传送。然而，这还涉及刻蚀后表面的平整度应满足深亚微米光刻的要求的能力，以及将颗粒沾污引入硅片制备工艺的可能性。

对于直径300mm硅片来说，用CMP进行双面抛光（double side polishing, DSP）是最后一个主要的制备步骤。硅片在抛光盘之间行星式的运动轨迹在改善表面粗糙度的同时也使硅

---

❶ 英寸（in）：1in = 2.54cm。

片表面平坦且两面平行。由于这是硅片制备的最后一步,沿着硅片大直径的平整度容易得以保证。在把硅片提交给硅片制造厂之前,背面抛光也能让厂商了解其洁净度。最后硅片的两面都会像镜子一样平滑。

■ (6)清洗

半导体硅片必须被清洗从而在发送给芯片制造厂之前达到超净的洁净状态。清洗规范在过去几年中经历了相当大的发展,使硅片达到几乎没有颗粒和沾污的程度。

■ (7)硅片评估

在包装硅片之前,会按照客户要求的规范来检查是否达到质量标准。最关键的标准关系到表面缺陷,例如颗粒污染和沾污。

■ (8)包装

硅片供应商必须仔细地包装要发送给芯片制造厂的硅片。如果硅片在运输中损坏或者被包装的材料损坏,相当大的努力就白费了。硅片叠放在有窄槽的塑料片架或"船"里以支撑硅片。碳氟化合物树脂材料常被用于包装盒材料,使颗粒的产生减到最少。另外,特氟龙被做成导体,使其不会产生静电释放。所有的设备和操作工具都必须接地以释放可能吸引颗粒的积累电荷。

一旦装满了硅片,片架就会放在充满氮气的密封小盒里以避免在运输过程中的氧化和其他沾污。当硅片到达硅片制造厂时,它们被转移到其他标准化片架里,被制造设备传送和处理。

1.1.4 晶圆制造设备

晶圆制备过程中所需要的设备如下。

■ (1)整型处理设备

整型处理包括滚磨和切断。

滚磨处理需要滚磨机。滚磨机具有磨削硅单晶棒平边参考面或定位槽的功能,即对磨削出的单晶棒进行定向测试。将单晶棒夹持在滚磨机工作台两端顶尖之间,顶尖的旋转会带动单晶棒旋转,磨头上的金刚石磨轮高速旋转并相对于单晶棒外径横向进给,单晶棒或磨轮进行纵向往返式运动形成磨削。金刚石磨轮可以自动调节切削量。切削量一般是从头部定到尾部,同时将冷却液喷到磨轮上。经过这样的滚动摩擦处理,就可以把直径不均匀的单晶硅变得均匀一致。

滚磨机可分为砂轮纵向移动型和工作台纵向移动型两种。随着硅单晶棒料直径的增大、长度的加长,同时出于晶向定向装置和磨削定位槽辅助磨轮的集成需要,目前滚磨机主要采用工作台纵向移动方式。

早期加工直径为150mm及以下的单晶硅时,晶锭切断较多采用外圆切割和内圆切割技术。随着IC工艺和技术的发展,单晶硅的直径不断增大,外圆切割和内圆切割受到其刀片直径尺寸和机械强度等限制,逐渐被带锯切割技术取代。在直径为200mm和300mm单晶硅及抛光片的生产中，广泛采用先进的带锯切割技术并使用相应的设备进行晶锭切断。

■ （2）切片设备

20世纪90年代前的切片机采用内圆刀具对硅单晶棒进行单片切割，称为内圆切割机。内圆切割刀片刃口为金刚石磨料涂镀层，其厚度为$0.29\sim0.35\mu m$，切制硅片时切口处的材料损耗较大。同时，由于硅片直径的增大，内圆切制后的硅片厚度变化、弯曲度变化、翘曲度变化、硅片表面损伤层均较大，这都增大了硅片后续加工的难度和成本。20世纪90年代后出现的多线切割机已经成为目前主流的硅片切割设备。

多线切割机使用SiC等磨料砂浆，工作环境恶劣，因此钢线切割区需要封闭。21世纪初，出现了镀制金刚石磨料的钢线，用金刚石钢线替代普通钢线进行切割，相应的设备称为固结磨料多线切割机或金刚石多线切割机，技术又回到了固结磨料技术时代。在金刚石多线切割工艺过程中，以去离子水为主要成分的冷却液对切割区域进行冷却，极大地改善了工作环境。金刚石多线切割机的工作环境较好，对环境污染小，加工效率高，是硅片切割设备发展的主要方向。

■ （3）磨片设备

磨片是通过机械研磨的方法，去除硅片表面因为切割工艺所造成的锯痕。在硅片制造行业中，磨片普遍采用双面研磨加工工艺，使用工具为双面研磨机。进行磨片时，将待研磨的硅片置于行星片的定位孔中，行星片位于上、下磨盘之间，在中心齿轮的驱动下，围绕磨盘中心进行公转和自转，从而使硅片随着磨盘做相对的行星运动。与此同时，通入研磨浆料并对硅片加压，利用上、下磨盘的压力和研磨浆料的摩擦作用，实现对硅片的双面研磨。

■ （4）倒角设备

倒角就是磨去晶圆周围锋利的棱角。使用倒角机来进行倒角加工。倒角机是指采用成型的磨轮，将切割成的薄硅片的锐利边缘修整成特定的R形或T形边缘形状，防止在后续加工过程中硅片边缘产生破损的工艺设备。

倒角机工作时，硅片通过真空吸附夹持在主轴吸盘上，与主轴旋转中心对准并高速旋转；磨轮主轴端部安装成型的倒角磨轮，硅片在z向电动机的驱动下与磨轮设定槽中心对准；磨轮主轴高速旋转，带动磨轮旋转并横向接触硅片边缘，x、y向电动机做插补驱动运动，使磨轮按照硅片边缘及参考面轮廓形状横向进给所需距离后停止，再沿反方向退出，完成硅片边缘的成型倒角工艺。

■ （5）抛光设备

抛光使用抛光机进行。抛光机可分为多片单面抛光机和多片双面抛光机两种类型。直径小于200mm的单面抛光片，在制造工艺上，一般采用多片单面抛光机加工，即在一个抛光台上采用多抛光头（承载器）同时进行抛光，以提高抛光效率，降低生产成本。直径为200mm的双面抛光片是市场上需求较多的硅片，一般采用多片双面抛光机进行加工。双面抛光机是在双面研磨机的基础上，在上、下抛光盘上贴装抛光垫，增加抛光液供给/回收装置，可同时进行多片抛光的设备。设备通过更换行星载具规格也可实现对直径$100\sim200mm$硅片的抛光。

- **（6）清洗**

硅抛光片的最终清洗一般采用多槽浸泡式化学清洗方式，即RCA清洗（radio corporation of America clean）。首先使用由NH_4OH和H_2O_2组成的碱性强氧化溶液，用于去除颗粒和有机物沾污。其凭借强氧化性能氧化Cr、Cu、Ag等，使之成为高价金属离子，高价金属离子再与碱进一步作用而转变为可溶性络合物，经去离子水冲洗后得以去除。在清洗过程中，结合超声波或兆声波可获得更好的去除颗粒效果。接下来使用HCl和H_2O_2组成的酸性溶液，去除碱金属离子，以及Cu、Au等残留金属。

- **（7）包装**

硅抛光片的包装操作通常在10级或1级洁净室环境中进行。首先，将硅抛光片置入尺寸合适的包装盒内；然后，将包装盒放入对应尺寸的塑料薄膜包装袋中，并采用真空或充高纯氮气的方式对包装袋口进行密封处理；最后，装入防潮、除静电的金属和塑料复合膜包装袋中，并真空密封袋口，包装完毕即可转入成品仓库保存。

1.2　氧化工艺

硅可以形成多种氧化物，其中最重要的是二氧化硅（SiO_2）。这种氧化物具有许多良好的特性，这些特性结合在一起十分宝贵，从而使硅成为最重要的半导体材料。其他半导体材料具有更好的电学特性，但是只有硅能够形成性能良好的氧化物。二氧化硅可以通过在氧化气氛中简单地加热而在晶圆上生长。所得薄膜粗糙不平并且能够抵抗大多数普通的溶剂，但易溶于氢氟酸溶液。二氧化硅薄膜是极好的电绝缘体，不仅可用于绝缘体、金属导体，还可应用于形成电容和MOS晶体管的介电层。二氧化硅对于硅工艺来说十分重要，所以下文中即用氧化物来指代二氧化硅。

1.2.1　氧化物生长

如果晶圆暴露在空气中，硅和大气中的氧反应会形成一层几埃❶厚的氧化层，但是这个天然氧化层太薄了，可以通过在氧化气氛中加热晶圆得到很厚的氧化层。热生长二氧化硅法是将硅片放在高温炉内，在以水汽、湿氧或干氧等作为氧化剂的氧化气氛中，使氧与硅反应来形成一薄层二氧化硅。图1-10和图1-11分别为干氧和水汽氧化装置的示意图。

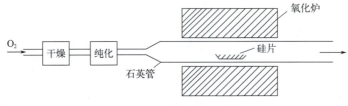

图1-10　干氧氧化装置示意图

---

❶ 埃（Å）：$1Å = 10^{-10}m$。

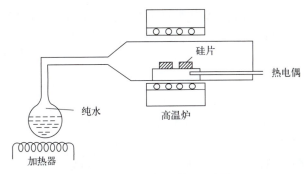

图1-11 水汽氧化装置示意图

将经过严格清洗的硅片表面置于高温的氧化气氛（干氧、湿氧、水汽、氢氧）中时，由于硅片表面对氧原子具有很高的亲和力，所以硅表面与氧迅速形成SiO_2层。硅的常压干氧和水汽氧化的化学反应式分别为：

$$Si + O_2 \longrightarrow SiO_2 \tag{1-1}$$

$$Si + 2H_2O \longrightarrow SiO_2 + 2H_2 \uparrow \tag{1-2}$$

干氧方法中，氧化物的生长十分缓慢，但是由于氧化物和硅界面处有相对较少的缺陷，因此干氧方法生成的氧化物质量很高。湿氧注入蒸汽，可以加速氧化，但是水分子分解产生氢原子造成的不纯净性可能会使氧化物质量下降。

1.2.2 氧化物去除

可以用两种方法刻蚀氧化物。湿法刻蚀使用可溶解氧化物但不会溶解光刻胶或者其下层硅的液体。干法刻蚀采用等离子或化学气体实现同样的功能。湿法刻蚀更简单，而干法刻蚀表现出更好的线宽控制能力。

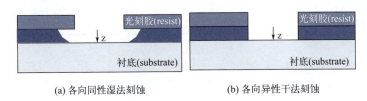

(a) 各向同性湿法刻蚀　　　　　(b) 各向异性干法刻蚀

图1-12 刻蚀比较

大多数湿法刻蚀都采用稀释了的氢氟酸溶液。这种高腐蚀性的物质会很容易地溶解掉二氧化硅而不会腐蚀硅或有机光刻胶。刻蚀工艺包括将晶圆浸入装有氢氟酸溶液的塑料容器中一定的时间，随后彻底冲洗晶圆以去除所有的酸。湿法刻蚀是各向同性的，因为其横向和纵向腐蚀速率相同。在光刻胶边缘的下方，酸发生作用，生成类似图1-12（a）所示的倾斜的侧壁。因为刻蚀必须持续足够长时间以保证所有的开孔都被刻蚀干净，所以不可避免地会出现一定程度的过刻蚀。只要晶圆浸在酸中，酸就会持续腐蚀侧壁。侧壁的腐蚀程度受刻蚀条件、氧化层厚度及其他因素影响而变化。由于这些变化，湿法刻蚀不能提供现代半导体工艺所要求的严格的线宽控制。反应离子刻蚀是干法刻蚀中的一种，其各向异性特性可形成如图1-12（b）所示的接近垂直的侧壁。

现代工艺依赖干法刻蚀,可获得其他方法无法实现的对亚微米图形的严格控制。这些结构增加了集成度,提高了性能,足以抵消干法刻蚀的复杂性和费用的影响。

1.2.3 氧化设备

立式氧化炉:它是在中高温下通入特定气体[O_2/H_2/DCE(二氯乙烷)],在硅片表面发生氧化反应,生成二氧化硅薄膜的一种设备,外观如图1-13所示。生成的二氧化硅薄膜可以作为集成电路器件前道的缓冲介质层、牺牲氧化层和栅氧化层。随着集成电路制造工艺要求的提高,特征尺寸不断缩小,对高端集成电路工艺处理设备的需求也越来越强烈。相较于传统炉管设备,立式氧化炉具有以下优良特性:高效生产性能,高精度温度控制性能,良好的成膜均匀性能,先进的颗粒控制技术,完整的工厂自动化接口等。北方华创立式氧化炉的出现,打破了长久以来的国外垄断局面,推动了国内半导体事业的蓬勃发展。

图1-13 北方华创立式氧化炉

高压氧化炉:它将高压稀有气体和高压氧化气体输出石英管,在10~20atm❶下完成氧化工艺,其主要作用是提高氧化速度、降低热预算。高压氧化速率快,适用于厚膜生长。由于反应压力高,需要在石英反应管外部加装不锈钢外壳。在实际应用中,常通过增加反应压力来提高氧化速率,或者保持氧化速率不变而降低氧化温度。这是因为温度越高,时间越长,越容易产生不利于总体工艺质量的负面影响,如晶圆表层中的"错位"与温度的高低以及高温下处理的时间长度密切相关,而这种"错位"对器件特性是十分不利的。高压氧化有利于降低材料中的错位缺陷。

1.3 掺杂工艺

本征硅的晶体结构由硅的共价键形成,其导电性能很差。当硅中加入少量杂质后,其结构和电导率发生了改变,硅就成为一种有用的半导体。这个过程称为掺杂。半导体器件需要掺杂工艺获得特定类型,如P型或N型半导体以形成PN结,通常通过扩散或离子注入工艺实现。

1.3.1 扩散

扩散工艺主要是在高温(通常为900~1200℃)条件下,利用热扩散原理,将杂质元素(一般采用液态源或固态源)按要求的深度掺入硅衬底中,使其具有特定的浓度分布,以达到改变材料的电学特性,形成半导体器件结构的目的。

在传统硅平面工艺中采用高温扩散工艺实现特定类型、特定浓度的掺杂。半导体杂质的

---

❶ 1atm=101325Pa。

扩散在800～1400℃温度范围内进行。从本质上讲，扩散是微观离子做无规则热运动的宏观结果，这种运动是从离子浓度较高的地方向着浓度较低的地方进行，从而使得离子的分布趋于均匀。

半导体中杂质的扩散有两种机制：空位交换机制和填隙扩散机制。杂质原子从一个晶格位置移动，如果相邻的晶格位置是一个空位，杂质原子占据空位，这称为空位交换机制。若一个填隙原子从某位置移动到另一个间隙中而不占据一个晶格位置，这种机制称为填隙扩散机制。从理论上讲，热扩散遵从费克扩散定理，费克扩散方程如下所示：

$$\frac{\partial N}{\partial t} = D \frac{\partial^2 N}{\partial x^2} \tag{1-3}$$

式中，N为浓度；t为时间；x为距离；D为扩散系数。

扩散系数D是表征扩散行为的重要参量。扩散系数是温度的函数：

$$D = D_0 \exp(-E_a/kT) \tag{1-4}$$

式中，D_0为表面扩散系数；E_a为激活能；k为玻尔兹曼常量；T为温度。

可以看出扩散系数与温度成指数关系，因此扩散工艺应严格控制温度以保证扩散的质量。另外，扩散系数与杂质种类和扩散机制有关，在特定条件下，扩散系数D还会受到表面杂质浓度N_S、衬底杂质浓度N_B、衬底取向和衬底晶格等影响。

根据扩散时半导体表面杂质浓度变化的情况来区分，扩散有两类：恒定表面源扩散和恒定杂质总量扩散。

对于恒定表面源扩散，其初始条件和边界条件如下。

初始条件：$N(x, 0) = 0$；

边界条件：$N(0, t) = N_s$，$N(\infty, t) = 0$。

此时费克扩散方程的解：

$$N(x,t) = N_s \text{erfc}(x/2\sqrt{Dt})$$

对于恒定表面源扩散，在一定的、尽可能低的扩散温度和规定的扩散时间下，被扩散的硅片始终处于掺杂杂质源的饱和气氛之中。在该过程中（由于在尽可能低的温度下），杂质缺乏足够的能量向硅体内的纵深处扩散，而更多地淀积在距表面（$x=0$处）十分有限的区域内。此刻，硅体表面的最大表面浓度将恒定为当前状态下特定杂质在体内的最大溶解度——固体溶解度N_s（固体溶解度：在一定温度下，某杂质能溶入固体硅中的最大溶解度的值）。此时芯片内杂质满足余误差分布。

对于恒定杂质总量扩散，其初始条件和边界条件如下。

初始条件：$N(x, 0) = 0, x > h$；
$N(x, 0) = Q/h = N_s(0)$。（Q为杂质总量，h为厚度）

边界条件：$N(\infty, t) = 0$。

此时费克扩散方程的解：

$$N(x,t) = \frac{Q}{\sqrt{\pi Dt}} e^{-x^2/4Dt}$$

对于恒定杂质总量扩散，已经淀积在硅片表面的一定总量的杂质将在浓度梯度的作用下，继续向体内纵深处扩散。当然，随着杂质向体内纵深处的扩散，杂质的表面浓度也将由原预淀积时的固溶度值开始下降，此时芯片内杂质分布满足高斯分布。

1.3.2 离子注入

当真空中有一离子束射向一块固体材料时，离子束把固体材料的原子或分子撞出固体材料表面，这个现象叫作溅射；而当离子束射到固体材料时，从固体材料表面弹了回来，或者穿出固体材料而去，这些现象叫作散射；另外有一种现象是，离子束射到固体材料以后，受到固体材料的抵抗而慢慢降低速度，并最终停留在固体材料中，这一现象叫作离子注入。离子注入是一种向硅衬底中引入可控制数量的杂质，以改变其电学性能的方法。

离子注入的方法就是在真空中、低温下，把杂质离子加速（对Si，电压≥105V），获得很大动能的杂质离子即可以直接进入半导体中；同时也会在半导体中产生一些晶格缺陷，因此在离子注入后需用低温进行退火或激光退火来消除这些缺陷。离子注入的杂质浓度分布一般呈现为高斯分布，并且浓度最高处不是在表面，而是在表面以内的一定深度处。用能量为100keV量级的离子束入射到材料中去，离子束与材料中的原子或分子将发生一系列物理的和化学的相互作用，入射离子逐渐损失能量，最后停留在材料中，并引起材料表面成分、结构和性能发生变化，从而优化材料表面性能，或获得某些新的优异性能。此项技术由于其独特而突出的优点，已经在半导体材料掺杂，金属、陶瓷、高分子聚合物等的表面改性上获得了极为广泛的应用，取得了巨大的经济效益和社会效益。

1.3.3 掺杂设备

卧式扩散炉：一种在晶圆直径小于200mm的集成电路扩散工艺中大量使用的热处理设备，其特点是加热炉体、反应管及承载晶圆的石英舟均呈水平放置，因而具有片间均匀性好的工艺特点。卧式扩散炉可装备1～5个工艺炉管，炉管越多，产能越大，则超净间的利用效率越高。

高温氧化扩散炉：单温区开启式真空管式炉，采用双层风冷结构，炉体表面温度≤60℃，炉膛采用高纯度氧化铝微晶纤维高温真空吸附成型。内炉膛表面涂有1750℃高温氧化铝涂层材料以提高反射率及设备的加热效率和炉膛洁净度，同时延长仪器的使用寿命。镶嵌加热电阻丝从而延长炉体使用寿命。在可控的多种气氛及真空状态下，可以对金属、非金属及其他化合物进行烧结、熔化。图1-14所示是OTF1200X高温氧化扩散炉。

离子注入机：根据所能提供的离子束电流和能量大小可分为高电流、中电流离子注入机，以及高能量、中能量、低能量离子注入机。离子注入机的主要部件有：离子源、质量分析器、加速器、聚焦器、扫描系统以及工艺室等。结构如图1-15所示。

① 离子源：离子源的任务是提供所需的杂质离子。在合适的气压下，使含有杂质的气体受到电子碰撞而电离，最常用的杂质源有B_2H_6和PH_3等。

图1-14 OTF1200X高温氧化扩散炉

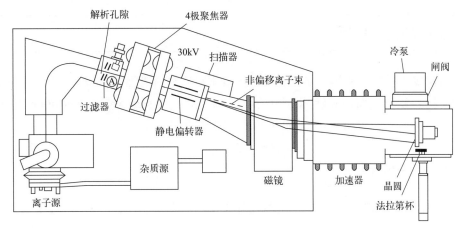

图1-15 离子注入机结构

② 质量分析器：反应气体中可能会夹杂少量其他气体，这样，从离子源吸取的离子中除了所需要的杂质离子外，还会有其他离子，因此，需要对从离子源出来的离子进行筛选。质量分析器就是来完成这项任务的。

③ 加速器：为了保证注入的离子能够进入晶圆（wafer），并且具有一定的射程，离子的能量必须满足一定要求，所以，离子还需要进行电场加速。完成加速任务的是由一系列被介质隔离的加速电极组成的管状加速器。离子束进入加速器后，经过这些电极的连续加速，能量增大很多。

④ 聚焦器：聚焦器与加速器连接。聚焦器就是电磁透镜，它的任务是将离子束聚集起来，使得在传输离子时能有较高的效益，聚焦好的离子束才能确保注入剂量的均匀性。

⑤ 扫描器：离子束是一条直径约1～3cm的线状高速离子流，必须通过扫描覆盖整个注入区。扫描方式有：固定晶圆，移动离子束；固定离子束，移动晶圆。离子注入机的扫描系统分为电子扫描、机械扫描、混合扫描以及平行扫描系统，目前最常用的是静电扫描系统。静电扫描系统是由两组平行的经典偏转板组成，一组完成横向偏转，另一组完成纵向偏转。在平行电极板上施加电场，正离子就会向电压较低的电极板一侧偏转，改变电压大小就可以改变离子束的偏转角度。静电扫描系统使离子流每秒横向移动15000多次，纵向移动1200次。静电扫描过程中，晶圆固定不动，大大降低了污染概率，而且由于带负电的电子和中性离子不会发生同样的偏转，因此就可以避免被掺入到晶圆当中。

⑥ 工艺室：晶圆接收离子注入的地方。系统需要完成晶圆的承载与冷却、正离子的中和、离子束流量监测等功能。离子轰击导致晶圆温度升高，冷却系统要对其进行降温，防止出现由于高温而引起的问题。离子注入的是带正电荷的离子，注入时部分正电荷会聚集在晶圆表面，对注入离子产生排斥作用，使离子束的入射方向偏转、离子束流半径增大，导致掺杂不均匀，难以控制；电荷积累还会损害表面氧化层，使栅绝缘能力降低，甚至击穿。解决的办法是用电子簇射器向晶圆表面发射电子，或用等离子体来中和掉积累的正电荷。离子束流量检测及剂量控制是通过法拉第杯来完成的。然而离子束会与电流感应器反应产生二次电子，这会导致测量偏差。在法拉第杯杯口附加一个负偏压电极以防止二次电子的逸出，获得精确的测量值。电流从法拉第杯传输到积分仪，积分仪将离子束电流累加起来，结合电流总量和注入时间，就可以计算出掺入一定剂量的杂质需要的时间。

1.4 薄膜制备工艺

采用物理或化学方法使物质（原材料）附着于衬底材料表面的过程为薄膜生长。根据工作原理的不同，集成电路薄膜淀积分为物理气相淀积（physical vapor deposition, PVD）、化学气相淀积（chemical vapor deposition, CVD）和外延三大类。

1.4.1 物理气相淀积

物理气相淀积（PVD）工艺是指采用物理方法，如真空蒸发、溅射镀膜、离子体镀膜和分子束外延等，在晶圆表面形成薄膜。

蒸发：利用物质在高温下的热蒸发现象，可以制备各种薄膜材料。真空蒸镀法薄膜沉积设备的主要组成部分包括真空室、真空系统、蒸发源、样品台等。真空蒸发法的一个显著特点是其一般要在较高的本底真空度下进行薄膜的沉积。在真空度较高的情况下，热蒸发出来的物质原子或分子具有较长的平均自由程，因而可以从源物质表面呈直线状地转移、沉积到衬底的表面，在此过程中不会与杂质气体或其他气体的分子发生碰撞和化学反应。因此，利用蒸发法可以制备纯度较高的薄膜材料。但是利用这种方法形成的薄膜台阶覆盖能力和黏附力都较差，因此蒸发法只限于早期的中小规模半导体集成电路制造中使用。在封装工艺中，蒸发可被用来在晶圆的背面淀积金，以提高芯片和封装材料的黏合力。

溅射镀膜是指在真空室中，利用荷能粒子轰击靶材表面，通过粒子动量传递打出靶材中的原子及其他粒子，并使其沉淀在基体上形成薄膜的技术。溅射镀膜技术具有可实现大面积快速沉积，薄膜与基体结合力好，溅射密度高、针孔少，膜层可控性和重复性好等优点，而且任何物质都可以进行溅射，因而近年来发展迅速，应用广泛。

1.4.2 化学气相淀积

化学气相淀积（CVD）是指不同分压的多种气相状态反应物在一定温度和气压下发生化学分压，生成的固态物质沉积在衬底材料表面，从而获得所需薄膜的工艺技术。

按照反应条件，CVD法可主要分为5种：

① 常压CVD（atmospheric pressure chemical vapor deposition, APCVD）：反应气体压力为1atm左右，反应装置不需要减压或加压设备，简便易行，通常通过温度来调节反应速率。

② 低压CVD（low pressure chemical vapor deposition, LPCVD）：反应压力通常为数百帕，调节压强也能改变成膜速度。

③ 光诱导CVD（plasma impulse chemical vapor deposition, PICVD）：通过入射光的作用而诱导化学反应成膜。

④ 等离子增强CVD（plasma enhancement chemical vapor deposition, PECVD）：通过施加电磁场（直流、交流、射频等）促使反应气体电离从而高速成膜，或通过其他手段直接通入等离子体成膜。

⑤ 金属有机化合物气相淀积方法（MOCVD）：采用金属有机化合物气相源的CVD方法。该法可制备结构精细的多层金属或半导体膜，是当代微电子技术的一种重要手段。

1.4.3 薄膜制备设备

真空蒸镀是一种通过在真空室内加热固体材料,使其蒸发汽化或升华后凝结沉积到一定温度的衬底材料表面的镀膜方式。图1-16所示为典型的真空蒸镀设备示意图,通常由3个部分构成,即真空系统、蒸发系统和加热系统。真空系统由真空管路和真空泵组成,其主要作用是为蒸镀提供合格的真空环境。蒸发系统由蒸发台、加热组件和测温组件构成:蒸发台上放置所要蒸发的目标材料;加热和测温组件是一个闭环系统,用于控制蒸发的温度,保证蒸发顺利进行。加热系统由载片台和加热组件构成,载片台用于放置需要蒸镀薄膜的衬底,加热组件用于实现基板加热和测温反馈控制。

磁控溅射是一种在靶材背面添加磁体的PVD方式,添加的磁体与直流电源系统形成磁控溅射源,利用该溅射源在腔室内形成交互的电磁场,俘获腔室内部等离子体中电子并限制电子运动范围,延长电子的运动路径,进而提高等离子体的浓度,最终实现更多的沉积。磁控物理气相淀积最明显的特点就是启辉放电电压更低、更稳定。因其等离子体浓度更高,溅射产额更大,可以实现极佳的淀积率、大尺寸范围的沉积厚度控制、精确的成分控制及较低的启辉电压等优势,所以磁控溅射在当前的金属薄膜PVD中处于主导地位,最简单的磁控溅射源设计是在平面靶材背面放置一组磁体,以在靶材表面局部区域内产生平行于靶材表面的磁场,如图1-17所示。

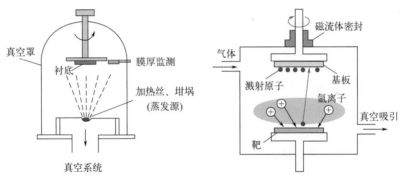

图1-16 真空蒸镀设备示意图　　图1-17 磁控溅射设备示意图

常压化学气相淀积(APCVD)设备是指在压力接近大气压的环境下,将气态反应源匀速喷射至加热的固体衬底表面,使反应源在衬底表面发生化学反应,反应产物在衬底表面淀积形成薄膜的设备。APCVD设备是最早出现的CVD设备,至今仍被广泛应用于工业生产和科学研究中。APCVD设备可用于制备单晶硅、多晶硅、二氧化硅等薄膜。

常压化学气相淀积设备示意图参见图1-18,该设备由气体控制部分、温度控制部分、反应腔室部分组成。气体控制部分用于控制、混合、均匀输送所需气体进入设备所需位置,包括气路和气体喷射装置;温度控制部分提供化学反应所需要的热源,有电磁感应线圈加热和红外灯加热等方式。由于APCVD设备不需要真空环境,因此它具有结构简单、成本较低、淀积速率高、生产效率高、工艺重复性好等优点,易于实现大面积连续镀膜,适合大批量工业生产。

低压化学气相淀积(LPCVD)设备是指在加热(350～1100℃)和低压(10～100mTorr❶)环境下,利用气态原料在固体衬底表面发生化学反应,反应物在衬底表面淀积形

---

❶ 1mTorr ≈ 0.133Pa。

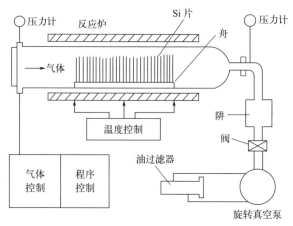

图1-18 化学气相淀积设备示意图

成薄膜的设备。LPCVD设备是在APCVD的基础上，为了提高薄膜质量，改善膜厚和电阻率等特性参数的分布均匀性，以及提高生产效率而发展起来的，其主要特征是在低压热场环境下，工艺气体在晶圆衬底表面发生化学反应，反应产物在衬底表面沉积形成薄膜。LPCVD设备在优质薄膜的制备方面具有优势，可用于制备氧化硅、氮化硅、多晶硅、碳化硅和石墨烯等薄膜。

1.5 光刻技术

光刻是指将图形转移到一个平面的复制过程，它是一种图形复印和化学腐蚀相结合的精密表面加工技术。它是用照相复印的方法将掩模版上的图案转移到硅片表面的光刻胶上，以实现后续的有选择刻蚀或注入掺杂。光刻工艺首先要将图形制作在掩模版上，使紫外光通过掩模版把图形转移到覆盖光敏材料的基片上，最终经过曝光和显影在基片上得到所需要的图形。

1.5.1 光刻胶

光刻胶（photoresist）是光刻工艺中所需要的重要材料，是一种有机化合物，它受紫外（线）曝光后，在显影溶液中的溶解度会发生变化。硅片制造中所用的光刻胶以液态涂在硅片表面，而后被干燥成胶膜。光刻胶受紫外线曝光之后，在显影液（developer）中的溶解度发生变化，进而得到所需的图形。除此之外，光刻胶还能起到在后续的工艺步骤中保护下面材料的作用，例如作为刻蚀或离子注入阻挡层。随着集成电路密度越来越大，关键尺寸不断缩小，为了更好地将更加细小的图形转移到基片表面，光刻胶技术也得到不断的改善，具有更好的图形分辨率，与半导体之间有更好的黏附性、均匀性，增加了工艺的宽容度。

光刻胶的基本成分主要有三种：树脂、感光剂、溶剂。其中，树脂是一种惰性的聚合物（包括碳、氢、氧的有机高分子），用作把光刻胶中不同材料聚在一起的黏合剂。树脂给予了光刻胶重要的机械和化学性质，通常对光不敏感，紫外曝光后不会发生化学变化。感光剂是光刻胶材料中的光敏成分，在紫外区域发生化学反应。溶剂使光刻胶保持液体状态，直到它被涂在基片上。绝大多数的溶剂在曝光前挥发，对于光刻胶的化学性质几乎没有影响。通常光刻胶还会有第四种成分：添加剂。添加剂用来控制和改变光刻胶材料的特定化学性质或光刻胶材料的光响应特性，添加剂一般由制造商开发并由于竞争原因而不对外公开。

目前光刻胶主要分为两类，分别是负性光刻胶和正性光刻胶。这种分类基于光刻胶中的感光剂对于紫外曝光的反应。对于负胶，紫外曝光区域发生交联硬化反应，曝光区域难溶显影液；对于正胶，紫外曝光后发生分解反应，曝光区域易在显影液中被洗去。

1.5.2 光刻工艺流程

光刻工艺是一个十分复杂的过程，它有很多影响其工艺宽容度的工艺变量。光刻图形形成的过程分为8个大的步骤，分别是：气相成底膜（表面处理）、旋转涂胶、前烘、对准和曝光、曝光后烘焙、显影、坚膜烘焙、显影检查，如图1-19所示。在硅片制造厂中这些步骤通常被称为操作。

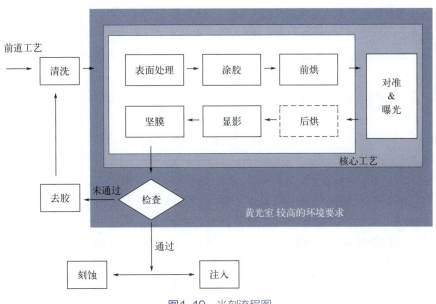

图1-19 光刻流程图

■ （1）气相成底膜

光刻的第一步是清洗和准备基片表面，对基片表面进行前处理，这些步骤的目的是增强硅片和光刻胶之间的黏附性。如果基片表面有沾污物，那么会在后续的显影和刻蚀中引起光刻胶图形的偏移。光刻胶偏移导致底层薄膜的钻蚀。光刻胶中的颗粒沾污会导致不平坦的光刻胶涂布或在光刻胶中产生针孔。

工厂中通常在表面清洗处理之后进行气相成底膜过程，气相成底膜所需要的化学药品是六甲基二硅氮烷（HMDS），它起到提高黏附力的作用，使之在显影过程中不会被液态显影液渗透。这步工艺与准备油漆木料时所用到的底漆类似。HMDS影响硅片表面，使之疏离水分子，同时形成对光刻胶材料的结合力。它的本质是作为光刻胶的连接剂，所以这些材料具有化学相容性。硅片成底膜处理的一个重要方面在于硅片应该在进行成底膜操作后尽快涂胶，使潮气问题最小化。建议涂胶在成底膜后60min内进行。成底膜过程通常由自动化轨道系统上的软件来控制。

■ （2）旋转涂胶

在气相成底膜之后，所需光刻的基片将进行下一步处理，即旋转涂胶。旋转涂胶是在基片表面涂覆光刻胶以得到一层均匀覆盖层的最常用方法。旋转涂胶基本步骤如下。

① 分滴。当基片静止时或旋转得非常缓慢时，光刻胶被分滴在基片上。

② 旋转铺开。快速加速基片的旋转到一定的转速，使光刻胶伸展到整个基片表面。

③ 旋转甩胶。甩去多余光刻胶，在基片上得到均匀的光刻胶胶膜覆盖层。

光刻胶旋转涂胶有两个目的，一是在基片表面得到均匀的光刻胶胶膜的覆盖，二是在长时间内得到硅片间可重复的胶厚。光刻胶厚度由特殊工艺规范来规定，通常在1μm的数量级。整个硅片上的光刻胶胶膜厚度变化应小于20～50Å，而大批量生产的片间厚度应控制在30Å。

■ （3）软烘

在基片上旋转涂布光刻胶后，要经过一个称为软烘的步骤，又称为前烘。软烘的目的是：蒸发掉光刻胶中的有机溶剂成分，使晶圆表面的光刻胶固化；缓和在旋转过程中光刻胶膜内产生的应力；防止沾污设备；增强光刻胶的黏附性，以便在显影时，光刻胶可以很好地黏附在基片表面。

软烘的温度和时间视具体的光刻胶和工艺条件而定。参考光刻胶生产商推荐的工艺，设定软烘参数的起始点。然后，优化工艺以达到产品需要的黏附性和尺寸控制。软烘温度通常在85～120℃的范围内，软烘的过程根据不同的光刻胶而变化。

■ （4）对准和曝光

当基片表面涂过光刻胶并且前烘过后，就可以通过光刻机进行对准和曝光。将基片放到承片台上，在这个台子上，根据需要提升或降低基片位置来把它置于光刻机光学系统的聚焦范围内。硅片与投影掩模版对准以保证图形能够传送到硅片表面合适的位置。一旦得到最佳的聚焦和对准效果，快门就会开启，使UV（紫外线）通过照明系统到达投影掩模版，再通过投影掩模版到达带有光刻胶的基片上。

■ （5）曝光后烘焙（后烘）

曝光后的基片从曝光系统转移出来之后，需要在烘箱进行短时间的曝光后烘焙（post-exposure back）。为了促进光刻胶的化学反应，对于DUV（深紫外线）光刻胶进行后烘是必需的。对于基于DNQ（重氮萘醌）化学成分的常规I线光刻胶，进行后烘的目的是提高光刻胶的黏附性并减少驻波。光线照射到光刻胶与基片的界面上会产生部分的反射，反射光与入射光会叠加形成驻波，驻波对于图形的线宽分辨率产生影响。后烘会部分消除这种效应。

■ （6）显影

光刻胶显影的目的是在曝光过后得到所需要的掩模版上的图形，同时保证光刻胶具有很好的黏附性。光刻胶显影和显影后图形的检查是图形转移工艺之前的中间步骤。不符合要求的显影图形会引起产品合格率的降低；反之，合格的显影图形是提高芯片成品率的基础。光刻胶显影图形质量好坏决定了后续工艺能否成功以及操作的好坏。

在早期的硅片制造中，光刻胶显影是一个独立的工艺步骤，有自己的设备和工作站。需要用手将硅片从曝光设备中拿到显影设备中，手动操作和设备缺乏控制引起了大量的不确定性，这对于亚微米光刻是不可接受的。现在的硅片制造中，自动的硅片轨道系统已经将显影工艺集成到复杂的光学光刻中。

用化学显影液溶解由曝光造成的光刻胶可溶解区域的过程就是光刻胶的显影。显影的重点是产生的关键尺寸达到规格要求，如果CD（关键尺寸）达到了规格要求，那么所有的特征都认为是可以接受的，因为CD是显影中最困难的结构。

如果不正确地控制显影工艺，光刻胶图形就会出现问题。这些光刻胶问题对产品的成品率会产生消极影响，在后续的工艺中暴露出产品的缺陷。显影遇到的主要问题有：过显影、显影时间太短、不充分显影。显影时间太短的图形线条比正常线条要宽，并且在侧面产生不需要的斜坡；不充分显影是在硅片衬底上留下应该在显影过程中去除掉的多余光刻胶；过显影则是去除了过量的光刻胶，引起显影图形变形，不符合要求。

■ （7）坚膜烘焙

显影之后的加热被称为坚膜烘焙，坚膜烘焙的目的是蒸发掉多余的光刻胶溶剂，使图形变硬。这样可提高图形对衬底的黏附性，增加光刻胶层的抗刻蚀能力。坚膜烘焙也除去了剩余的显影液和水。坚膜烘焙的弊端是可能导致光刻胶流动，使图形精度降低；还有可能增加将来去胶的难度。

坚膜烘焙温度的起始点由光刻胶生产商的推荐设置决定，然后根据产品要求的黏附性和尺寸控制需求对工艺进行调整。通常坚膜温度对于正胶是130℃，对于负胶是150℃。坚膜烘焙通常在自动轨道系统的热板上进行。充分加热后，光刻胶变软并发生流动。较高的坚膜烘焙温度会引起光刻胶的轻微流动，从而造成光刻图形的变形。

■ （8）显影检查

显影检查是为了查找光刻胶中成形图形的缺陷。继续进行随后的刻蚀或离子注入工艺之前必须进行检查以鉴别并除去有缺陷的硅片。对带有光刻胶图形缺陷的硅片进行刻蚀或离子注入会使硅片报废。显影检查用来检查光刻工艺的好坏，为光学光刻工艺生产人员提供用于纠正的信息。

大部分的光刻胶显影后缺陷非常大，并且属于多种不同类型的缺陷。图形的缺陷会出现在已经进行的光学光刻工艺步骤及整个光刻以前的工序中。显影后的检查需要非常复杂的设备。通常显影后的检查由熟练的工艺工程师借助显微镜等仪器人工完成。现在的硅片制造中，用于显影图形检查的自动检查仪器设备早已非常普遍，尤其是对于深亚微米的光刻，因为深亚微米光刻中的缺陷用光学显微镜已经非常难发现。

显影图形检查出有问题的硅片，有两种处理办法：如果由先前操作造成的硅片问题无法接受，那么硅片就报废；如果检查出的问题与光刻胶图形的质量有关，那么硅片就可以进行返工。把硅片表面的光刻胶全部去除，然后再次进行光学光刻的过程称为返工。

1.6 刻蚀工艺

刻蚀是用化学或物理方法有选择地从硅片表面去除不需要的材料的过程。刻蚀的基本目标是在涂胶的硅片上正确地复制掩模图形。刻蚀可以分为湿法刻蚀和干法刻蚀。前者的主要特点是各向同性刻蚀；后者是利用等离子体来进行各向异性刻蚀，可以严格控制纵向和横向刻蚀。

1.6.1 湿法刻蚀

湿法刻蚀是用腐蚀液进行刻蚀，又称湿法化学腐蚀。湿法刻蚀在半导体工艺中被广泛地应用，其腐蚀过程与一般化学反应相似。由于腐蚀的是样品上没有光刻胶覆盖的部分，因此，理想的刻蚀应当对光刻胶不发生腐蚀或腐蚀速率很慢。刻蚀不同材料所选择的刻蚀剂溶液是不同的，所用的光刻胶对各种刻蚀剂溶液都具有较强的适应性，在生产上往往用光刻胶对刻蚀剂溶液的抗腐蚀能力作为衡量光刻胶质量的一个重要标志。湿法刻蚀尤其适合将多晶硅、氧化物、氮化物、金属与Ⅲ-Ⅴ族化合物等作为整片（即覆盖整个晶圆表面）的腐蚀。反应物由于扩散传递到表面，化学反应在表面发生，且来自表面的产物由扩散清除。刻蚀剂溶液的扰动和温度将影响刻蚀速率，该速率指单位时间内由刻蚀去除的薄膜量。在集成电路处理时，多数湿法刻蚀是这样进行的：将晶圆浸在化学溶剂中或将刻蚀剂溶液喷洒到晶圆上。

对于浸泡刻蚀，晶圆是浸在刻蚀剂溶液中的，且常常需要机械扰动，为的是确保刻蚀的统一性和一致的刻蚀速率。喷洒刻蚀已经逐渐替代了浸泡刻蚀，因为前者通过持续地将新鲜刻蚀剂溶液喷洒到晶圆表面，极大地增加了刻蚀速度和一致性。

1.6.2 干法刻蚀

湿法刻蚀具有待刻蚀材料与光阻及下层材质的良好刻蚀选择比（selectivity）。然而，由于化学反应没有方向性，因而湿法刻蚀是各向同性刻蚀。当刻蚀溶液做纵向刻蚀时，侧向的刻蚀将同时发生，进而造成底切（undercut）现象，导致图案线宽失真，如图1-20所示。

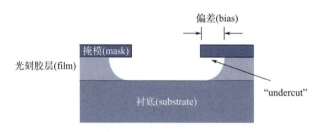

图1-20 底切现象

干法刻蚀中目前以等离子体刻蚀（plasma etching, PE）及反应离子刻蚀（reaction ion etching, RIE）模式使用较为普遍，两种均属于平行电极板的刻蚀，能量均采用RF Power（射频电源）。除了PE及RIE机台，array（阵列）制程最常用到的还有ICP（inductively couple plasma，电感耦合等离子体刻蚀）模式。

1.6.3 刻蚀设备

■（1）槽式晶圆刻蚀机

主要由前开式晶圆传送盒传输模块、晶圆装载/卸载传输模块、排风进气模块、化学药液槽体模块、去离子水槽体模块、干燥槽体模块和控制模块构成，可同时对多盒晶圆进行刻蚀，可以做到晶圆干进干出。该刻蚀机的主要优点是产能高，适用于超高温化学液体，可同时对晶圆正面和背面进行刻蚀；其主要缺点是占地面积大，薄膜刻蚀量控制精度低，晶圆间刻蚀均匀性差，所以只能用于晶圆整面刻蚀工艺。

■ （2）单晶圆刻蚀设备

主要用于薄膜刻蚀，按照工艺用途可以分为两类，即轻度刻蚀设备和牺牲层去除设备。在工艺中需要去除的材料一般包括硅、氧化硅、氮化硅及金属膜层。

■ （3）反应离子刻蚀设备

反应离子刻蚀（RIE）是一种采用化学反应和物理离子轰击作用进行刻蚀的技术。其原理如图1-21所示，RIE腔室的上电极接地，下电极连接射频电源（13.56MHz），待刻蚀基板放置于下电极；当给平面电极加上高频电压后，反应物发生电离，产生等离子体，等离子体在射频电场作用下，带负电的电子因质量较小首先到达基板表面，又因为下基板直接连接隔直流电容器，所以不能形成电流从下基板流走，这样就会在基板附近形成带负电的鞘层电压（DC偏压），这种现象被称为阴极降下。正离子在偏压作用下，沿着电场方向垂直轰击基板表面，离子轰击大大加快了表面的化学反应及反应生成物的脱附，因而RIE模式有很高的刻蚀速率，并且可以获得较好的各向异性侧壁图形，但相应地，表面损伤也较严重。

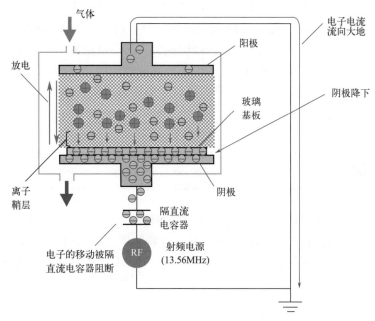

图1-21 反应离子刻蚀原理

■ （4）等离子体刻蚀设备

等离子体刻蚀（PE）与RIE模式的差别在于，将RF射频电源连接于上电极，而下电极接地，RF装于上电极，可通过控制RF Power来控制反应气体解离浓度，且下电极接地使得表面电位为零，与等离子体电位（略大于零）相差不多，并不能产生离子轰击效应，所以造成表面损伤低，适合运用于与电性能高度相关的膜层刻蚀，如图1-22所示。

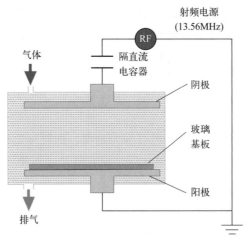

图1-22 等离子体刻蚀原理

■ （5）电感耦合等离子体（ICP）刻蚀设备

array制程最常用到的还有ICP刻蚀。ICP的上电极是一个螺旋感应线圈，连接功率为13.56MHz的射频电源来产生等离子体，感应线圈将电场与磁场集中，等离子体中电子受磁力作用而做螺旋运动，电子的平均自由程增加可使之获得较高的加速电压，这使得有效碰撞频率增加，离子解离率也因而大幅度增加。ICP模式下的离子密度可比一般解离等离子体高约10～100倍。另外，如果要获得化学和物理刻蚀，可以在下电极装产生偏置电压（bias voltage）的RF发生器（频率一般小于13.56MHz），可通过控制RF Power的大小来控制偏压，进而控制离子轰击能量，这种以上电极感应线圈控制离子解离浓度，下电极控制离子轰击能量的方法，使得刻蚀制程可达到极为优良的控制，其所能运用的范围也更加宽广；缺点在于等离子体匹配不易，设备多元性也容易造成维护上的困难；在array制程中通常用于需要强有力离子轰击的金属刻蚀。

1.7 金属化

金属化是应用化学和物理处理方法在芯片上淀积导电金属薄膜的过程。这一过程与介质的淀积紧密相连，金属线在IC电路中传导信号，介质层则保证信号不受邻近金属线的影响。金属淀积和介质淀积都是薄膜处理工艺，在某些情况下，金属和介质是由同种设备淀积的。

1.7.1 金属类型

在硅片制备中，常用的金属和金属合金主要有：铝、铝铜合金、铜、阻挡层金属、硅化物、金属填充物。

■ （1）铝

在超大规模集成电路（very large scale integration, VLSI）开发之前，主要的金属化工艺材料就是纯铝。从导电性能来看，铝要比铜和金差一些。如果用铜直接替代铝，则铜与硅的接触电阻很高，并且如果铜进入器件区，将引起器件性能的灾难。而铝则不具有上述问题，因而成为一种较好的选择。它有足够低的电阻率，有很好的过电流密度。它对二氧化硅有优异的黏附性，有很高的纯度，天然地同硅有很低的接触电阻，并且用传统的光刻工艺易于进行图形化工艺。铝原料可被提纯到5至6个"9"的纯度。

铝互连工艺适用于铝沉积、光刻胶应用以及曝光与显影，随后通过刻蚀有选择地去除任何多余的铝和光刻胶，然后才能进入氧化过程。上述步骤完成后再不断重复光刻、刻蚀和沉积过程直至完成互连，如图1-23所示。除了具有出色的导电性，铝还具有容易光刻、刻蚀和沉积的特点。此外，它的成本较低，与氧化膜黏附的效果也比较好。其缺点是容易腐蚀且熔点较低。另外，为防止铝与硅反应导致连接问题，还需要添加金属沉积物将铝与晶圆隔开，这种沉积物被称为"阻挡金属"。铝电路是通过沉积形成的。晶圆进入真空腔后，铝颗粒形成的薄膜会附着在晶圆上。这一过程称为气相沉积（vapor deposition, VD），包括化学气相沉积和物理气相沉积。

图1-23　铝互连

选择铝作为金属互连线材料主要是因为铝的如下优点：
① 铝有较低的电阻率。
② 铝价格低廉。
③ 铝有良好的工艺兼容性。
④ 铝膜与下层衬底具有良好的黏附性。

■（2）铝铜合金

铝是最早的IC主要互连材料，但是其有电迁移引起的可靠性问题。由铜和铝形成的合金，当铜的含量在0.5%～4%之间时，其连线中的电迁移得到控制。同时，铜铝合金比较坚硬，熔点为640℃，与金属铝的化学性质相似，重量轻，抗拉性强，可代替昂贵的铜线。

■（3）铜

随着半导体工艺精密度的提升以及器件尺寸的缩小，铝电路的连接速度和电气特性逐渐无法满足要求，需要寻找满足尺寸和成本两方面要求的新导体。铜之所以能取代铝，第一个原因就是其电阻更低，因此能实现更快的器件连接速度；其次，铜的可靠性更高，因为它比铝更能抵抗电迁移，也就是电流流过金属时发生的金属离子运动。由于铜的电阻系数较低且电迁移抵抗能力高，可以提升集成电路的速度和可靠性，因此在0.18μm技术节点后，铜将取代铝铜合金。在DRAM和闪存存储器的金属互连方面，铜也正在取代铝铜合金。

但是，铜不容易形成化合物，因此很难将其气化并从晶圆表面去除。针对这个问题，不再去刻蚀铜，而是沉积和刻蚀介电材料，这样就可以在需要的地方形成由沟道和通路孔组成的金属线路图形，之后再将铜填入前述"图形"即可实现互连，而最后的填入过程被称为"镶嵌工艺"，如图1-24所示。

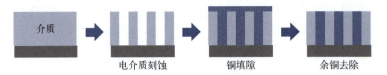

图1-24 铜互连

铜的主要优点如下：
① 具有更低的电阻率。
② 减少功耗。
③ 具有更高的互连线集成密度。
④ 具有良好的抗电迁移性能。
⑤ 具有更少的工艺步骤。

- **（4）阻挡层金属**

很多金属与半导体接触并在高温处理的时候都容易互相扩散。为了防止上下层材料相互扩散，必须在它们中间引入阻挡层金属，如图1-25所示。阻挡层金属必须足够厚，以达到阻挡扩散的目的。

阻挡层金属需要具备如下特性：
① 能很好地阻挡材料的扩散。
② 具有高电导率和很低的欧姆接触电阻。
③ 在半导体和金属之间有很好的附着能力。
④ 抗电迁移能力强。
⑤ 保证在很薄和高温下具有很好的稳定性。
⑥ 抗侵蚀和抗氧化性能好。

- **（5）硅化物**

难熔金属与硅在一起发生反应形成硅化物。硅化物是一种具有热稳定性的金属化合物，且在硅和难熔金属的分界面具有低的电阻率。在硅片制造中，难熔金属硅化物是非常重要的，因为为了提高芯片性能，需要减小许多源漏和栅区硅接触的电阻。

如果难熔金属和多晶硅发生反应，那么就形成多晶硅化物。掺杂的多晶硅被用作栅电极，相对而言有较高的电阻率，正是这导致了不应有的RC（电阻电容）信号延迟。多晶硅化物对减小连接多晶硅的串联电阻是有益的，同时它也保持了多晶硅对氧化硅好的界面特性，如图1-26所示。

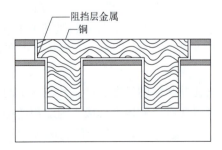

图1-25 铜互连结构中的阻挡层

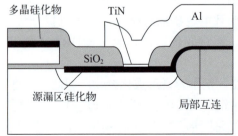

图1-26 硅化物在半导体器件中的用途

■ （6）金属填充物

多层金属化产生了数以十亿计的通孔用金属填充物填充的需要，以便在两层金属之间形成电通路。接触填充薄膜也被用于连接硅片中硅器件和第一层金属化。目前被用于填充的最普通的金属是钨，图1-27体现的是多层金属中钨的填充。

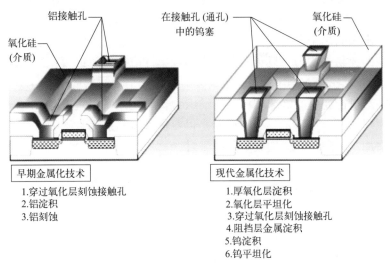

图1-27 多层金属的钨填充

1.7.2 金属化设备

在金属化淀积中，常常采用蒸发、溅射和CVD等设备。

蒸发设备主要进行真空蒸发镀膜，是在真空室中进行的（一般气压低于1.3×10^{-2}Pa），将需要蒸发的金属材料加热到一定温度时，材料中分子或原子的热振动能量可增大到足以克服表面的束缚能，于是大量分子或原子从液态汽化或直接从固态气化。当蒸气遇到温度较低的工件表面时，就会在被镀工件表面沉积一层薄膜。

简单的热蒸发设备结构如图1-28所示。如图1-29所示为一款高真空热蒸发薄膜淀积系统。

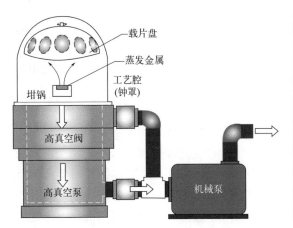

图1-28 简单的热蒸发装置

图1-29 高真空热蒸发薄膜淀积系统

将镀料加热到蒸发温度并使之汽化,这种加热装置称为蒸发源。最常用的蒸发源是电阻蒸发源和电子束蒸发源,特殊用途的蒸发源有高频感应加热、电弧加热、辐射加热、激光加热蒸发源等。

溅射设备主要进行溅射镀膜。在真空条件下,利用获得动能的粒子轰击靶材料表面,使靶材表面原子获得足够的能量而逃逸的过程称为溅射。被溅射的靶材沉积到基材表面,就称作溅射镀膜。溅射镀膜中的入射离子,一般采用辉光放电获得,真空室气压在$10^{-2}\sim10$Pa范围,所以溅射出来的离子在飞向基体过程中,易和真空室中的气体分子发生碰撞,使运动方向随机,沉积的膜易于均匀。近年发展起来的规模性磁控溅射镀膜,沉积速率较高,工艺重复性好,便于自动化,已应用于大型建筑装饰镀膜、工业材料的功能性镀膜,如TGN-JR型用多弧或磁控溅射在卷材的泡沫塑料及纤维织物表面镀镍(Ni)及银(Ag)的生产制备。

磁控溅射原理如图1-30所示。磁控溅射是以二极直流溅射为基础的,在二极直流溅射的靶材表面附近增加一个磁场,就构成了磁控溅射。

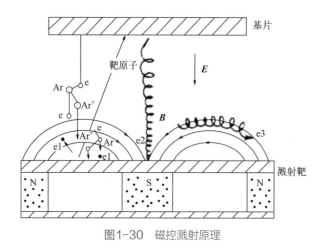

图1-30　磁控溅射原理

速度为v的电子在电场E和磁感应强度为B的磁场中将受到洛伦兹力F的作用:

$$F=-q(E+v\times B)$$

式中,q为电子所带的电量。当电场与磁场同时存在的时候,如果E、v、B三者相互平行,则电子的轨迹和没有磁场时一样,仍是一条直线。但是如果v具有与B垂直的分量,电子的运动轨迹将是沿着电场方向加速,同时绕磁场方向螺旋前进的复杂曲线。因此,在垂直方向分布的磁感线可以将电子紧紧地约束在靶材表面附近,这样就延长了电子在等离子体中的运动轨迹,也延长了它的运动时间,同时提高了其与气体分子碰撞的概率并且增大了电离的概率。因而,在溅射装置中引入磁场,既可以降低溅射过程的气体压力,也可以在同样的电流和气压条件下显著提高沉积速率和溅射效果。

图1-31所示为高真空三靶磁控溅射镀膜系统,该系统主要由真空溅射室、电气控制柜、循环水冷系统组成。真空溅射室采用卧式圆筒型结构,尺寸为450mm×400mm,前开门结构,选用不锈钢材料制造,采用氩弧焊接,表面进行化学抛光处理,接口采用金属垫圈密封或氟橡胶圈密封。溅射室内安装有三套永磁靶,分别为一个射频磁控溅射靶和两个直流磁控溅射靶,三个靶之间互为120°角分布。靶内水冷,靶材直径60mm,靶角度可调,靶基距可调,调整范围为90～130mm。靶在下,基片台在上,并且基片台下方有挡板可方便地实现预溅射。基片台可加热,温度范围为室温至600℃,由热电偶反馈控制,控温精度±1℃;

为了实现更加均匀的溅射，基片台可旋转，由电机带动旋转实现。

化学气相淀积（CVD）设备乃是通过化学反应的方式，利用加热、等离子激励或光辐射等各种能源，在反应器内使气态或蒸气状态的化学物质在气相或气固界面上经化学反应形成固态沉积物的设备。图1-32所示是一个CVD设备。

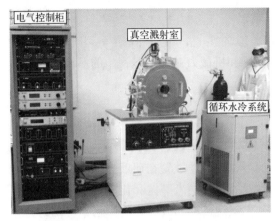

图1-31 高真空三靶磁控溅射镀膜系统

图1-32 CVD设备

CVD可分为APCVD、LPCVD、PECVD、MOCVD等。

APCVD，就是在压力接近常压下进行CVD反应的一种沉积方式。APCVD的操作压力接近1atm，按照气体分子的平均自由程来推断，此时的气体分子间碰撞频率很高，属于均匀成核的"气相反应"很容易发生，而产生微粒。因此在工业界APCVD的使用大都集中在对微粒的忍受能力较大的工艺上，例如钝化保护处理。

LPCVD，即低压CVD，就是将反应气体在反应器内进行沉积反应时的操作压力降低到大约100Torr以下的一种CVD反应。由于低压下分子平均自由程增加，气态反应剂与副产品的传输速度加快，从而使形成沉积薄膜材料的反应速度加快，同时气体分布的不均匀性在很短时间内可以消除，所以能生长出厚度均匀的薄膜。

PECVD：在低真空的条件下，利用硅烷气体、氮气（或氨气）和氧化亚氮，通过射频电场而产生辉光放电形成等离子体，以增强化学反应，从而降低沉积温度，可以在常温至350℃条件下，沉积氮化硅膜、氧化硅膜、氮氧化硅及非晶硅膜等。

在辉光放电的低温等离子体内，"电子气"的温度约比普通气体分子的平均温度高10～100倍，即当反应气体接近环境温度时，电子的能量足以使气体分子键断裂并导致化学活性物质（活化分子、离子、原子等基团）的产生，使本来需要在高温下进行的化学反应由于反应气体的电激活而在相当低的温度下即可进行，也就是反应气体的化学键在低温下就可以被打开。所产生的活化分子、原子基团之间相互反应，最终沉积生成薄膜。这种过程称为等离子增强的化学气相沉积（PCVD或PECVD），亦称为等离子体化学气相沉积。

MOCVD：金属有机化学气相沉积（MOCVD）是从早已为人熟知的化学气相沉积（CVD）发展起来的一种新的表面技术，是一种利用低温下易分解和挥发的金属有机化合物作为源物质进行化学气相沉积的方法，主要用于化合物半导体气相生长方面。

在MOCVD过程中，金属有机源（MO源）可以在热解或光解作用下，在较低温度沉积出相应的各种无机材料,如金属、氧化物、氮化物、氟化物、碳化物和化合物半导体材料等的薄膜。

1.8 化学机械平坦化

平坦化工艺就是使晶圆的表面保持平整平坦的工艺。化学机械平坦化,即CMP(chemical mechanical planarization),就是用化学腐蚀和机械力对加工过程中的晶圆或其他衬底材料进行平滑处理。

1.8.1 化学机械平坦化原理

如图1-33所示,将硅片固定在抛光头的最下面,将抛光垫放置在研磨盘上;抛光时,旋转的抛光头以一定的压力压在旋转的抛光垫上,由亚微米或纳米磨粒和化学溶液组成的研磨液在硅片表面和抛光垫之间流动;然后研磨液在抛光垫的传输和离心力的作用下,均匀分布其上,在硅片和抛光垫之间形成一层研磨液液体薄膜。研磨液中的化学成分与硅片表面材料产生化学反应,将不溶的物质转化为易溶物质,或者将硬度高的物质软化,然后通过磨粒的微机械摩擦作用将这些化学反应物从硅片表面去除,溶入流动的液体中带走,即在化学去膜和机械去膜的交替过程中实现平坦化的目的。

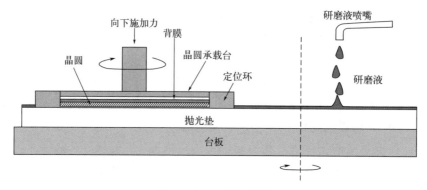

图1-33 CMP示意图

其反应分为以下两个过程。

- 化学过程:研磨液中的化学品和硅片表面发生化学反应,生成比较容易去除的物质;
- 物理过程:研磨液中的磨粒和硅片表面材料发生机械物理摩擦,去除化学反应生成的物质。

1.8.2 化学机械平坦化设备

CMP设备是通过把一个抛光垫粘在转盘的表面来进行平坦化的。在抛光的时候,一个磨头装有一个硅片。大多数的生产性抛光机都有多个转盘和抛光垫,以适应抛光不同材料的需要。下面介绍平台化设备的主要部分。

■ (1) 抛光头组件

抛光头组件如图1-34所示，具有用于吸附晶圆的真空吸附装置、对晶圆施加压力的下压力系统，以及调节晶圆的定位环系统。

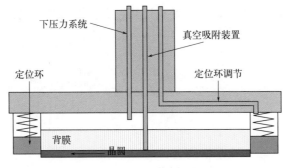

图1-34　抛光头组件

■ (2) 研磨盘

研磨盘是CMP研磨的支撑平台，其作用是承载抛光垫并带动其转动。它是控制抛光头压力大小、转动速度、开关动作、研磨盘动作的电路和装置。

■ (3) 抛光垫

如图1-35所示，通常使用聚亚安酯（polyurethane）材料制造，利用这种多孔性材料类似海绵的机械特性和多孔特性，表面有特殊沟槽，提高抛光的均匀性；垫上有时开有可视窗，便于线上检测。通常抛光垫为需要定时整修和更换之耗材，一个抛光垫虽不与晶圆直接接触，但使用寿命一般仅为45～75h。

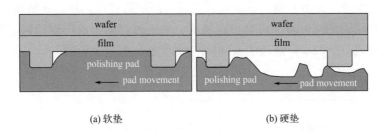

图1-35　抛光垫

wafer—晶圆；film—膜；polishing pad—抛光垫；pad movement—垫运动

抛光垫有软垫、硬垫之分。硬垫［图1-35（b）］较硬，抛光液固体颗粒大，抛光速度较快，平行度、平整度也较好，但表面较粗糙，损伤层较严重。软垫［图1-35（a）］具有更好的硅片内平均性，抛光液中固体颗粒较小，因此可以增加光洁度，同时去除粗抛时留下的损伤层。故采用粗精抛相结合的办法，既可保持晶圆的平行度、平整度，又可达到去除损伤层及保持硅片表面高光洁度的目的。

抛光垫上有很多小孔，这些小孔有利于输送浆料和抛光，还可用于将浆料中的磨蚀颗粒送入硅片表面并去除副产品。在使用中，抛光垫在对若干片晶圆进行抛光后被研磨得十分平整，同时孔内填满了磨料颗粒和片子表面的磨屑聚集物，一旦产生釉化现象，就会使抛光垫失去部分保持研浆的能力，抛光速率也随之下降，同时还会使硅片表面产生划伤，对电路元件造成损伤。

因此，抛光垫表面需定期用一个金刚石调节器修整，这样便可延长抛光垫的使用寿命。

■ （4）抛光垫修整器

抛光垫修整器如图1-36所示，作用是扫过垫表面以提高表面粗糙度，除去用过的浆料。它包含一个不锈钢盘以及一些镀镍（CVD金刚石层）的金刚石磨粒，其表面如图1-37所示。

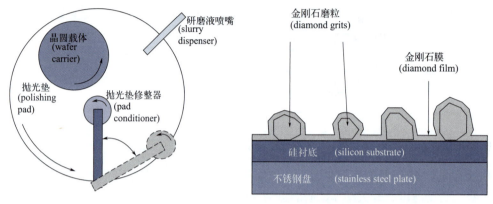

图1-36　抛光垫修整器　　　　　图1-37　抛光垫调整器表面

■ （5）研磨液系统

研磨液由磨粒、酸碱剂、纯水及添加物构成。研磨液供给与输送系统实现的目标是通过恰当设计和管理研磨液供给与输送系统来保证CMP工艺的一致性。研磨液的混合、过滤、滴定以及系统的清洗等程序会减轻很多与研磨液相关的问题。那么就要设计一个合适的研磨液的供给与输送系统，如图1-38所示，用以完成研磨液的管理，控制研磨液的混合、过滤、浓度、滴定及系统的清洗，减少研磨液在供给、输送过程中可能出现的问题和缺陷，保证CMP的平坦化效果。磨粒、研磨液的pH值等对抛光速率有巨大影响。

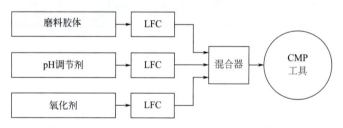

图1-38　研磨液混合系统（LFC：流量控制装置）

■ （6）终点检测设备

终点检测用于检测CMP工艺把材料磨到一个正确的厚度的能力。检测方法大致分为间接地对抛光晶圆进行物理测定（电流）、直接检测晶圆（光学）两种。

① 检测电流法终点检测。

CMP接近终点时，抛光垫与硅片摩擦力开始改变，抛光头转动电机的电流会改变来保证不变的旋转速率，通过监测电机电流来检测终点。

② 光学干涉法终点检测。

如图1-39所示，反射光相互干涉，薄膜厚度的变化引起干涉状态的周期变化，电介质薄膜厚度的变化可以由反射光的变化来监测。

（7）后清洗系统

三步法：清洁，冲洗，干燥。

后清洗的目的主要是去除颗粒和其他化学污染物，用到去离子水及刷子。去离子水量越大，刷子压力越大，清洗效率越高。刷子如图1-40所示，通常是多孔聚合物材质，允许化学物质渗入并传递到晶圆表面。

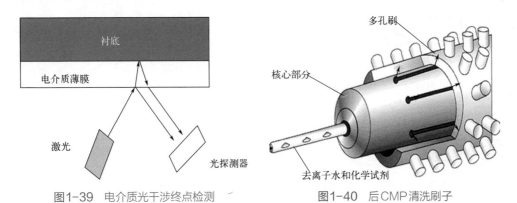

图1-39　电介质光干涉终点检测　　　　图1-40　后CMP清洗刷子

本章小结

反复进行氧化、掺杂、薄膜制备、光刻、刻蚀、金属化、化学机械平坦化等工艺步骤，可在晶圆上制造出集成电路。氧化工艺分为湿氧和干氧；掺杂工艺主要是扩散和离子注入；薄膜制备通过物理气相淀积和化学气相淀积可以完成；光刻按照八大步骤进行从而可在每片晶圆上成百上千次地复制复杂图形，从而产生巨大的规模效益。

习题

1. 简述晶体直拉法的主要步骤。
2. 晶圆制造的八个步骤分别是什么？
3. 干氧和湿氧的主要区别是什么？
4. 简述扩散和离子注入的定义。
5. 列出光刻的八大步骤。
6. 给出光刻胶的分类。
7. 总结湿法刻蚀和干法刻蚀的区别。
8. 用于金属化的材料有哪些？
9. 金属化的方法主要有哪些？
10. 铝互连为什么被铜互连所取代？
11. 化学机械平坦化的原理是什么？
12. 列出3个化学机械平坦化设备的组件。

第 2 章

典型工艺

▶▶ 思维导图

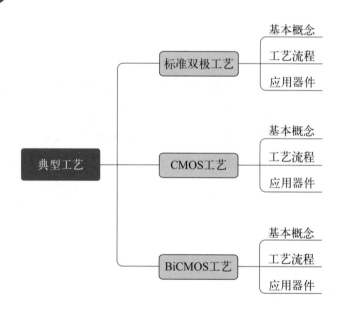

  半导体集成电路工艺分为标准双极工艺、CMOS 工艺和 BiCMOS 工艺。其中，双极工艺最早出现，有逻辑运算速度快的特点，但是其功耗极大。20 世纪 70 年代出现的 CMOS 工艺功耗较小，逐渐取代了双极工艺。20 世纪 80 年代新一代双极 CMOS（BiCMOS）工艺结合了双极工艺和 CMOS 工艺的特点，这个面向混合信号设计的工艺迅速发展起来，但是其工艺复杂且价格昂贵。目前的工艺主要还是使用标准双极工艺、CMOS 工艺和 BiCMOS 工艺。

2.1 标准双极工艺

在早期的集成电路生产中,双极型工艺曾是唯一可能的工艺。双极型工艺凭借其高速、高跨导、低噪声以及较高的电流驱动能力等方面的优势,发展很快。双极型晶体管是最早发明的半导体器件。双极型晶体管是电流控制器件,而且是两种载流子(电子和空穴)同时起作用,它通常用于电流放大型电路、功率放大型电路和高速电路。

2.1.1 基本概念

标准双极工艺的特征以牺牲NPN晶体管性能的代价来优化NPN晶体管。采用结隔离以阻止相同衬底上器件间不被希望出现的电流流动。双极工艺提供了较快的开关速度,主要缺点是集成度低、功耗大,所以主要用于小规模(small scale integration, SSI)和中等规模(medium scale integration, MSI)的集成电路中。

2.1.2 工艺流程

下面以NPN为例介绍标准的双极工艺。

① 衬底准备:标准双极工艺衬底采用轻掺杂的P型硅。

② 埋层形成:埋层的作用是减小集电区体电阻。先在衬底上生长一层二氧化硅,光刻出埋层区,干法刻蚀掉埋层区的氧化硅,然后注入N型杂质(磷或砷),退火激活杂质并使其扩散,形成N型埋层(NBL),如图2-1所示。

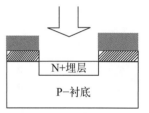

图2-1 埋层形成

③ 外延层生长:用湿法刻蚀除去全部二氧化硅,然后外延一层轻掺杂N型外延硅层,双极器件主要就是做在这层外延层上,如图2-2所示。

图2-2 外延层生长

④ 隔离区形成:再生长一层二氧化硅,光刻出隔离区,刻掉该区的氧化层,预淀积硼,并退火使其扩散,从而形成P型的隔离区,如图2-3所示。

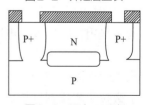

图2-3 隔离区形成

⑤ 深集电极接触形成:深集电极接触的作用也是降低集电极体电阻,光刻出集电极,注入或扩散磷,退火激活并扩散,如图2-4所示。

⑥ 基区形成:光刻基区,然后注入硼,退火使其扩散就形成基区,如图2-5所示。要注意注入硼的能量和剂量,这对器件的性能影响特别大。

⑦ 发射区形成:基区生长一层氧化层,光刻出发射区,磷扩散或注入砷,并退火形成发射区,如图2-6所示。

⑧ 金属接触和布线:淀积一层二氧化硅,光刻并干法刻出接触孔,该孔用来引出电极。孔内溅射金属形成欧姆接触,淀积铝作为金属连接层,再光刻并刻出连线层金属,淀积一层钝化层并退火,光刻和一步刻蚀形成压焊块,如图2-7所示。

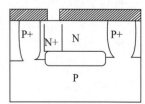

图2-4 深集电极接触形成

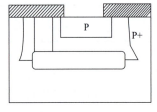 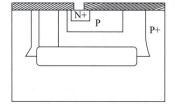 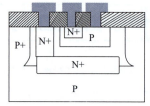

图2-5　基区形成　　　　图2-6　发射区形成　　　　图2-7　金属接触和布线

2.1.3 应用器件

标准双极工艺是为了制造NPN晶体管而发展起来的。该工艺步骤还可以用于制造许多其他器件，包括两种类型的晶体管、电阻和电容。

- （1）NPN晶体管

图2-8是NPN管的剖面图。NPN管的集电区由N型外延隔离岛组成，基区和发射区由逐次反向掺杂制造而成。载流子垂直从发射区穿过发射扩散区下的薄层基区流入集电区。集电结和发射结的结深之差决定了有效基区的宽度。因为这些尺寸完全是由扩散工艺控制的，所以不受光刻对准误差的影响，从而使得基区宽度可远小于误差容限。

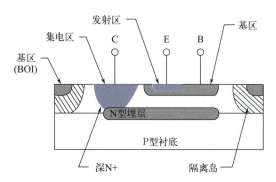

图2-8　具有深N+扩散的NPN晶体管的剖面图

- （2）PNP晶体管

图2-9展示的是纵向和横向PNP晶体管，其中，左侧的PNP晶体管叫作衬底PNP管，可通过采用衬底作为集电区构成。这种器件的集电极通常和芯片的衬底电位相连，而衬底电位一般接地或接负供电端。衬底PNP管的基区由N型隔离岛构成，发射区通过基区扩散制造。集电极电流必须经衬底和隔离区流出。因为所有隔离区和衬底是电互连的，所以集电极接触不必位于PNP衬底的旁边。然而隔离区和衬底的电阻是相当大的，衬底接触孔置于晶体管附近有利于抽取集电极电流并使衬底压降最小化。

图2-9右侧所示为横向PNP晶体管剖面。横向PNP管的集电区和发射区都由扩入N型隔离岛上的基区扩散形成。与衬底PNP管相同，隔离岛作为晶体管的基区。横向PNP管中的工作区出现在水平方向，从中心的发射区向周围的集电区运动。分离的两个基区扩散决定了晶体管的基区宽度。由于横向PNP管的发射区和集电区是同一次光刻形成的，因此称为自对准（sl-align）。由于对准误差不会出现在自对准扩散中，所以可精确控制横向PNP管的基区宽度。

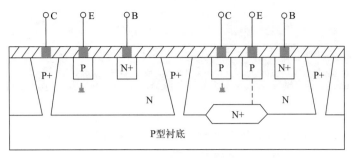

图2-9 纵向和横向PNP晶体管的剖面图

2.2 CMOS工艺

CMOS工艺是在PMOS和NMOS工艺基础上发展起来的。CMOS中的C表示"互补",即将NMOS器件和PMOS器件同时制作在同一硅衬底上,以制作CMOS集成电路。CMOS集成电路具有功耗低、速度快、抗干扰能力强、集成度高等众多优点。CMOS工艺已成为当前大规模集成电路的主流工艺技术,绝大部分集成电路都是用CMOS工艺制造的。

2.2.1 基本概念

CMOS是complementary metal oxide semiconductor的缩写,中文为互补金属氧化物半导体。CMOS电路中既包含NMOS晶体管,也包含PMOS晶体管。NMOS晶体管是做在P型硅衬底上的,而PMOS晶体管是做在N型硅衬底上的,要将两种晶体管都做在同一个硅衬底上,就需要在硅衬底上制作一块反型区域,该区域被称为"阱"。根据阱的不同,CMOS工艺分为P阱CMOS工艺、N阱CMOS工艺以及双阱CMOS工艺。其中,N阱CMOS工艺由于工艺简单、电路性能较P阱CMOS工艺更优,从而获得广泛的应用。

2.2.2 工艺流程

下面给出一款双阱CMOS工艺流程。
① 衬底选择:CMOS工艺一般制造在重掺杂的P型(100)衬底上以减小衬底电阻。
② 外延生长:在衬底上生长一层轻掺杂的P型外延层。
③ 浅槽隔离:通过氧化、淀积、光刻、刻蚀等步骤完成浅槽隔离(STI),如图2-10所示。

图2-10 浅槽隔离完成剖面图

④ 阱扩散:分别通过N型和P型的离子注入形成N阱和P阱,如图2-11所示。

图2-11 双阱完成剖面图

⑤ 栅氧化层生长：此步为工艺中最关键的一步。栅氧化层厚度在2～10nm。栅氧化层作为MOS晶体管的介质层，还会覆盖稍后进行源漏注入的区域。

⑥ 多晶硅淀积和光刻：用于形成栅电极的多晶硅层为重掺杂磷。厚度为150～300nm。淀积多晶硅后，需要淀积光刻胶和刻蚀光刻胶形成多晶硅栅。此步为最关键的图形转移步骤，因为栅长的精确性是晶体管开关速度的首要决定因素。此步采用最先进的曝光技术，剖面图如图2-12所示。

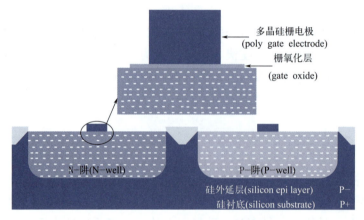

图2-12 多晶硅淀积和光刻完成剖面图

⑦ 源/漏注入：完成的多晶硅栅可作为NMOS管和PMOS管的源（source）/漏（drain）自对准注入的掩模版。先进行NMOS管衔接注入，注入低能量、浅深度、低掺杂的砷离子；接着进行PMOS管衔接注入，注入低能量、浅深度、低掺杂的BF_2^+离子。衔接注入用于削弱栅区的热载流子效应。接下来制备隔离侧墙，然后进行NMOS管源/漏注入，此处进行浅深度、重掺杂的砷离子注入，形成了重掺杂的源/漏区。PMOS管源/漏注入采用浅深度、重掺杂的BF_2^+离子注入，形成了重掺杂的源/漏区。隔离侧墙阻挡了栅区附近的注入，如图2-13所示。

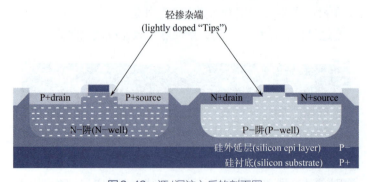

图2-13 源/漏注入后的剖面图

⑧ 接触：尽管在源/漏退火过程中存在进一步氧化，但覆盖沟槽区的氧化层仍然很薄，因而容易破损。大多数工艺在光刻接触孔前先淀积多层氧化物，可使沟槽区的氧化层同时覆盖并使暴露的多晶硅结构绝缘。金属连线现在可以穿过沟槽区和多晶栅，而不存在氧化层破损的危险。

⑨ 金属化：浅的源/漏扩散易受结尖峰效应（junction spiking）的影响。大多数CMOS工艺采用接触硅化和难熔阻挡金属化相结合的方法以确保对源/漏区可靠的接触。接触孔硅化后在晶圆上先溅射一层难熔金属薄膜，然后淀积较厚的掺铜铝层。在淀积金属后的晶圆涂上光刻胶并采用金属掩模版光刻。选用合适的刻蚀剂去除不需要的金属，形成互连结构。大多数工艺包括第二层金属。在这类工艺中，需要在第一层金属上淀积另一层氧化层，使之与第二层金属绝缘。第二次淀积的氧化层通常称为夹层氧化物（inter level oxide，ILO）。某种形式的平面化处理可减少第一层金属结构造成的不平整，以确保足够的第二层金属台阶覆盖。刻蚀通过ILO的通孔与第二层金属相连，该层金属的淀积与光刻方法与第一层金属相同。如果工艺还包含更多的金属层，则它们的形成方法与第二层金属层相同。

⑩ 钝化层：现在在最后一层金属上淀积钝化层，有多种可选的钝化层，如Si_3N_4、SiO_2和聚酰亚胺等。此举可保护电路免受刮擦、污染和受潮等。再打开压焊点后，可提供外界对芯片的电接触，完成图如图2-14所示。

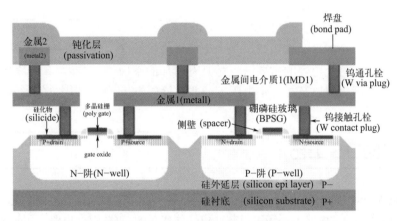

图2-14 完成的双阱CMOS剖面图

2.2.3 应用器件

CMOS工艺可以用来制备MOS晶体管、衬底PNP管、电阻以及电容。

■ （1）NMOS晶体管

图2-15是典型的NMOS晶体管剖面图。因为是P型衬底，故可以不使用P阱，采用的是多晶硅栅自对准方式进行源漏区的制备。

■ （2）PMOS晶体管

PMOS晶体管剖面图如图2-16所示。PMOS需要制备在N阱中，只要电位相同，任意数目的PMOS管都可以放在同一N阱中。由于N阱横向扩散明显，对应的版图面积比较大，因此将PMOS管合并在同一个N阱中可以节省面积。

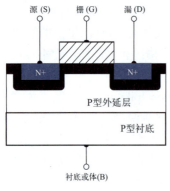
图2-15　NMOS晶体管剖面图

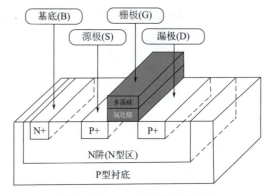
图2-16　PMOS晶体管剖面图

■ （3）电阻

使用CMOS工艺可以制备多晶硅电阻、NMOS扩散电阻、PMOS扩散电阻、阱扩散电阻等类型电阻。图2-17显示的是多晶硅电阻的剖面图。利用CMOS工艺，通过淀积多晶硅、生长氧化层、刻蚀接触孔、淀积金属等工艺即可制备电阻。

■ （4）电容

用来制造MOS晶体管的栅氧化层也可以用来制造电容。电容的一个极板由掺杂的多晶硅组成，另一个极板由扩散区组成，一般为N阱。这类电容的主要缺点是具有附加的下极板寄生结电容和串联电阻以及在一定电压下的非线性效应。

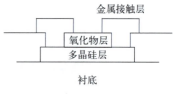
图2-17　多晶硅电阻剖面图

2.3　BiCMOS工艺

高性能BiCMOS电路于20世纪80年代初被提出并实现，主要应用在高速静态存储器、高速门阵列以及其他高速数字电路中，还可以制造出性能优良的模/数混合电路，用于系统集成。

2.3.1　基本概念

双极-CMOS（BiCMOS）集成电路是由双极型门电路和互补金属氧化物半导体（CMOS）门电路构成的集成电路。特点是将双极（bipolar）工艺和CMOS工艺兼容，在同一芯片上以一定的电路形式将双极型电路和CMOS电路集成在一起，兼有高密度、低功耗和高速大驱动能力等特点。

2.3.2　工艺流程

BiCMOS工艺使用CMOS的所有工艺步骤，且增加了NBL淀积、深N+扩散和基区扩散三个步骤。因为NBL淀积必须在外延生长之前进行，深N+扩散和基区扩散需要高温和较长的推进时间，所以也需要在工艺的前期完成。在CMOS工艺的第二步即外延生长之前进行

NBL 制备，包括一次外延生长和 NBL 淀积与退火。在 CMOS 工艺的第四步即阱扩散之后进行深 N+ 的淀积和推结，接着进行基区的注入与退火。其他工艺步骤参考 CMOS 工艺即可。

2.3.3 应用器件

CMOS 工艺的所有可用器件都存在于模拟 BiCMOS 工艺中，本小节不介绍具体的器件，而是重点介绍 BiCMOS 工艺制备的器件主要的应用领域。

- （1）通信用数字逻辑电路、数字部件和门阵列等

BiCMOS 电路的优化组合是用 CMOS 电路充当高集成度、低功耗的电路部分，而仅用双极型电路来做输入/输出（I/O）电路部分，这是最早的 BiCMOS 数字集成电路的设计方案。后来，更先进的 BiCMOS 技术将 BJT 器件也集成到逻辑门中。与传统的 CMOS 门一样，由于门电路输出端两管轮番导通，所以这种 BiCMOS 逻辑门静态功耗接近于零，而且在同样的设计尺寸下，它们的速度将更快。尽管 BJT 器件的加入会增加 20% 的芯片面积，但是考虑到其带负载能力的增强，BiCMOS 门的实际集成度比 CMOS 门将有所增加。比较典型的 BiCMOS 逻辑门有：反相器（非门）、三态缓冲/驱动器、与非门和或非门。

- （2）通信用数字信号处理器（DSP）和微处理器（CPU）

若通信 DSP 和 CPU 等采用 CMOS 工艺，则芯片外主线就要有较大的带电容负载的能力。传统的接口驱动电路采用双极工艺制作，这样可以保证数据传输速度，但是功耗却大了些。以 32 位 CPU 为例，它包含有 10 个或者更多的接口器件，但同一时间内只有一条主线是激活的，亦即每一条主线有 90% 的时间不工作。由于这种接口器件是单纯双极型的，即使不工作，它也在不停地消耗功率，所以整个 CPU 的静态功耗将会增大。

如果用 BiCMOS 器件做成接口驱动电路，则处于非门工作状态的驱动器取用的电流就要小多了。在很多情况下，静态功耗可以节省接近 100%，而传统主线接口驱动电路的功耗约占整个系统功耗的 30%，故这种节电效果非常显著，因而特别适用于手机、个人数字处理器和笔记本电脑等使用电池的通信设备、计算机和网络设备中。更为有利的是，BiCMOS 数字集成电路的速度与先进的双极型电路不相上下，这与高速数字通信系统的速度要求是相适应的。

- （3）通信用 BiCMOS SRAM 和 ROM 等

由于纯 CMOS 工艺无法生产出通信专用的高速度、大负载驱动能力的静态随机存储器（SRAM）和只读存储器（ROM）芯片，而 BiCMOS SRAM 和 ROM 芯片拥有与 CMOS SRAM 和 ROM 较为接近的集成度、功耗和更高的速度，故先进的 BiCMOS 技术给 SRAM 和 ROM 产品的运行速度、容量和功耗等性能指标的调和、折中和互补提供了回旋余地。

- （4）通信模/数混合电路的应用

用 BiCMOS 工艺可以将模拟和数字电路集成在同一块芯片上。当然芯片上大部分面积是有数字信号处理功能的 CMOS 单元电路，而剩下的芯片面积（约占 15%~20%）用来做模拟电路单元以及芯片与外界模拟世界的接口电路。这些模拟电路单元包括 I/O（包含电阻和

NPN型BJT器件)、用BJT器件制作的运算放大器、参考电压和电流源、锁存比较器和NPN型BJT器件组成的模拟电路(例如直接用来驱动LED的电路)等。这种专用芯片可以用来做SDR系统的ADC和DAC、接/发射机的模/数混合电路以及用于其他通信系统应用场合。

本章小结

本章介绍了标准双极工艺、CMOS工艺和BiCMOS工艺三种典型工艺,其性能对比如表2-1所示。

表2-1 三种工艺性能对比

性能参数	标准双极工艺	CMOS	BiCMOS
工作速度	高	较低	高
电路功耗	高	低	低
器件尺寸	大	小	中
工艺复杂度	一般	简单	复杂
成本	一般	低	高
扇出能力	强	弱	强

人们利用这三种技术衍生出来的各种具体工艺来制造各种低成本、高质量的集成电路。

习题

1. 简述标准双极工艺中N型埋层的主要作用。
2. 标准双极工艺制备出的电路优点有哪些?缺点有哪些?
3. 标准双极工艺下制备的横向和纵向PNP晶体管的区别是什么?
4. 如何选择CMOS工艺衬底?
5. CMOS工艺中如何制备PMOS?写出关键工艺步骤。
6. 什么是多晶硅自对准方法?
7. CMOS工艺下可制备几种电阻?
8. BiCMOS工艺在CMOS工艺基础上增加了哪些工艺步骤?
9. CMOS工艺制备的器件最大的特点是什么?
10. 调研目前使用较多的工艺方法有哪些。

第 3 章

操作系统

> 思维导图

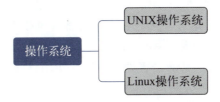

版图设计是集成电路开发设计过程中重要的组成部分,优秀的版图设计师对高质量集成电路的开发至关重要。熟练掌握版图设计软件是基本要求,目前版图设计的软件主要运行在 UNIX 或者 Linux 操作系统上。

3.1 UNIX 操作系统

Cadence 软件的主要运行环境为 UNIX 操作系统,UNIX 系统是一个分时系统。最早的 UNIX 系统于 1970 年问世。此前,只有面向批处理作业的操作系统,这样的系统对于需要立即得到响应的用户来说太慢了。在 20 世纪 60 年代末,Kenneth Thompson 和 Dennis Ritchie 都曾参加过交互方式分时系统 Multics 的设计,而开发该系统所使用的工具是 CTSS。这两个系统在操作系统的发展过程中都产生过重大影响。在此基础上,在对当时已有的技术进行精选提炼和发展的过程中,K. Thompson 于 1969 年在小型计算机上开发了 UNIX 系统,后于 1970 年投入运行。

UNIX 系统在计算机操作系统的发展史上占有重要的地位。它确实对已有技术不断进行精细、谨慎而有选择的继承和改造,并且,在操作系统的总体设计构想等方面有所发展,才使它获得如此大的成功。UNIX 系统的主要特点表现在以下几方面：

① UNIX 系统在结构上分为核心程序（kernel）和外围程序（shell）两部分，而且两者有机结合成为一个整体，如图 3-1 所示。核心部分承担系统内部的各个模块的功能，即处理机和进程管理、存储管理、设备管理和文件系统。核心程序的特点是精心设计、简洁精干，只需占用很小的空间而常驻内存，以保证系统的高效率运行。外围部分包括系统的用户界面、系统实用程序以及应用程序，用户通过外围程序使用计算机。

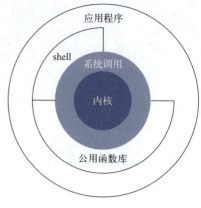

图 3-1　UNIX 系统结构图

② UNIX 系统提供了良好的用户界面，具有使用方便、功能齐全、清晰而灵活、易于扩充和修改等特点。UNIX 系统的使用有两种形式：一种是操作命令，即 shell 语言，是用户可以通过终端与系统发生交互作用的界面；另一种是面向用户程序的界面，它不仅在汇编语言，而且在 C 语言中向用户提供服务。

③ UNIX 系统的文件系统是树形结构。它由基本文件系统和若干个可装卸的子文件系统组成，既能扩大文件存储空间，又有利于安全和保密。

④ UNIX 系统把文件、文件目录和设备统一处理。它把文件作为不分任何记录的字符流进行顺序或随机存取，并使得文件、文件目录和设备具有相同的语法语义和相同的保护机制，这样既简化了系统设计，又便于用户使用。

⑤ UNIX 系统包含有非常丰富的语言处理程序、实用程序和开发软件用的工具性软件，向用户提供了相当完备的软件开发环境。

⑥ UNIX 系统的绝大部分程序是用 C 语言编程的，只有约占 5% 的程序用汇编语言编程。C 语言是一种高级程序设计语言，它使得 UNIX 系统易于理解、修改和扩充，并且具有非常好的移植性。

⑦ UNIX 系统还提供了进程间的简单通信功能。

3.2　Linux 操作系统

3.2.1　Linux 操作系统简介

Linux，全称 GNU/Linux，是一种免费使用和自由传播的类 UNIX 操作系统，其内核由林纳斯·本纳第克特·托瓦兹于 1991 年 10 月 5 日首次发布，它主要受到 Minix 和 UNIX 思想的启发，是一个基于 POSIX 的多用户、多任务、支持多线程和多 CPU 的操作系统。它能运行主要的 UNIX 工具软件、应用程序和网络协议。它支持 32 位和 64 位硬件。Linux 继承了 UNIX 以网络为核心的设计思想，是一个性能稳定的多用户网络操作系统。Linux 有上百种不同的发行版本，如基于社区开发的 debian、archlinux 和基于商业开发的 Red Hat Enterprise Linux、SUSE、Oracle Linux 等。

伴随着互联网的发展，Linux 得到了来自全世界软件爱好者、组织、公司的支持。它除了在服务器方面保持着强劲的发展势头以外，在个人电脑、嵌入式系统上都有着长足的进步。使用者不仅可以直观地获取该操作系统的实现机制，而且可以根据自身的需要来修改完善Linux，使其最大化地适应用户的需要。

Linux不仅系统性能稳定，而且是开源软件。其核心防火墙组件性能高效、配置简单，保证了系统的安全。在很多企业网络中，为了追求速度和安全，Linux不仅仅被网络运维人员当作服务器使用，甚至当作网络防火墙，这是Linux的一大亮点。

Linux具有开放源码、没有版权、技术社区用户多等特点，开放源码使得用户可以自由裁剪，灵活性高，功能强大，成本低。尤其是系统中内嵌网络协议栈，经过适当的配置就可实现路由器的功能。这些特点使得Linux成为路由交换设备的理想开发平台。

3.2.2 Linux常用操作

Linux系统下使用命令来完成打开文件、查看文件等操作。

■ （1）ls命令

ls就是list的缩写，通过ls命令不仅可以查看linux文件夹包含的文件，而且可以查看文件权限（包括目录、文件夹）、查看目录信息等等，见表3-1。

表3-1 ls命令

	解释
ls	查看linux文件夹包含的文件，而且可以查看文件权限（包括目录、文件夹）、查看目录信息等等
ls -a	列出目录所有文件，包含以"."开始的隐藏文件
ls -A	列出除"."（代表当前目录）及".."（代表上级目录）的其他文件
ls -r	反序排列
ls -t	以文件修改时间排序
ls -S	以文件大小排序
ls -h	以文件大小显示
ls -l	除了文件名之外，还将文件的权限、所有者、文件大小等信息详细列出来。例如，列出当前目录中所有以"t"开头的目录的详细内容：ls -l t*

■ （2）其他命令

其他Linux命令见表3-2。

表3-2 其他命令

	解释
cd	进入当前目录。例如，进入home目录：cd home
pwd	查看当前工作目录路径
mkdir	创建文件夹。例如，在当前工作目录下创建名为filename的文件夹：mkdir filename

	解释
rm	删除一个目录中的一个或多个文件或目录，如果没有使用-r选项，则rm不会删除目录。如果使用rm来删除文件，通常仍可以将该文件恢复原状。例如，删除test子目录及子目录中所有档案，并且不用一一确认：rm -rf test
rmdir	从一个目录中删除一个或多个子目录项，删除某目录时也必须具有对其父目录的写权限。注意：不能删除非空目录。例如，当parent子目录被删除后，它也成为空目录的话，则顺便一并删除：rmdir -p parent/child/child11
mv	移动文件或修改文件名，根据第二参数类型（如目录，则移动文件；如为文件则重命名该文件）。举例1：将文件test.log重命名为test1.txt，命令为mv test.log test1.txt。举例2：移动当前文件夹下的所有文件到上一级目录，命令为mv * ../

■ （3）cp命令

将源文件复制至目标文件，或将多个源文件复制至目标目录。

注意：命令行复制中，如果目标文件已经存在，会提示是否覆盖；而在shell脚本中，如果不加-i参数，则不会提示，而是直接覆盖。常用参数见表3-3。

表3-3　cp命令

	解释
-i	提示
-r	复制目录及目录内所有项目
-a	复制的文件与原文件时间一样。举例：复制a.txt到test目录下，保持原文件时间，如果原文件存在，则提示是否覆盖，命令为cp -a a.txt test

■ （4）cat命令

cat命令见表3-4。

表3-4　cat命令

	解释
cat filename	一次显示整个文件
cat > filename	从键盘创建一个文件。只能创建新文件，不能编辑已有文件
cat file1 file2 > file	将几个文件合并为一个文件
cat -b	对非空输出行号
cat -n	输出所有行号

■ （5）more命令

功能类似于cat，more命令会以一页一页的方式显示，方便使用者逐页阅读，而最基本的指令就是按空白键（Space）就往下一页显示，按b键就会往回（back）一页显示。常用参数见表3-5。常用操作命令见表3-6。

表3-5　more命令常用参数

	解释
+n	从第 n 行开始显示
-n	定义屏幕大小为 n 行
+/pattern	在每个档案显示前搜寻该字串（pattern），然后从该字串前两行之后开始显示
-c	从顶部清屏，然后显示
-d	提示"Press space to continue,'q' to quit"（按空格键继续，按q键退出），禁用响铃功能
-l	忽略Ctrl+l（换页）字符
-p	通过清除窗口而不是滚屏来对文件进行换页，与-c选项相似
-s	把连续的多个空行显示为一行
-u	把文件内容中的下划线去掉

表3-6　常用操作命令（more命令）

	解释
Enter	向下 n 行，需要定义。默认为1行
Ctrl+F	向下滚动一屏
空格键	向下滚动一屏
Ctrl+B	返回上一屏
=	输出当前行的行号
:f	输出文件名和当前行的行号
V	调用vi编辑器
!命令	调用Shell，并执行命令
q	退出more

■ （6）less命令

less与more类似，但使用less可以随意浏览文件，而more仅能向前移动，却不能向后移动，而且less在查看之前不会加载整个文件。常用参数见表3-7。常用操作命令见表3-8。

表3-7　less命令常用参数

	解释
-i	忽略搜索时的大小写
-N	显示每行的行号
-o<文件名>	将less输出的内容在指定文件中保存起来
-s	显示连续空行为一行

表3-8　常用操作命令（less命令）

	解释		解释
/字符串	搜索"字符串"的功能	-x<数字>	将"tab"键显示为规定的数字空格
?字符串	向上搜索"字符串"的功能	b	向后翻一页
n	重复前一个搜索（与/或?有关）	h	显示帮助界面
N	反向重复前一个搜索（与/或?有关）	Q	退出less命令

	解释		解释
u	向前滚动半页	回车键	滚动一页
y	向前滚动一行	PageDown	向下翻动一页
空格键	滚动一行	PageUp	向上翻动一页

■ （7）which命令

which命令是在PATH（即指定的路径）中，搜索某个系统命令的位置，并返回第一个搜索结果。使用which命令，就可以看到某个系统命令是否存在，以及执行的到底是哪一个位置的命令。常用参数见表3-9。

表3-9 which命令常用参数

	解释
-n	指定文件名长度，指定的长度必须大于或等于所有文件中最长的文件名。举例：查看 ls 命令是否存在，执行哪个，如which ls

■ （8）find命令

用于在文件树中查找文件，并做出相应的处理。如：find pathname -options [-print -exec -ok ...]。常用参数见表3-10。命令选项见表3-11。

表3-10 find命令常用参数

	解释
pathname	find命令所查找的目录路径。例如用"."来表示当前目录，用"/"来表示系统根目录
-print	find命令将匹配的文件输出到标准输出
-exec	find命令对匹配的文件执行该参数所给出的shell命令。相应的命令形式为"command' { } \;"，注意"{ }"和"\;"之间的空格
-ok	和-exec的作用相同，只不过以一种更为安全的模式来执行该参数所给出的shell命令，即在执行每一个命令之前，都会给出提示，让用户来确定是否执行

表3-11 命令选项

	解释
-name	按照文件名查找文件
-perm	按照文件权限查找文件
-user	按照文件属主查找文件
-group	按照文件所属的组来查找文件
-type	查找某一类型的文件
-size n:[c]	查找文件长度为n块文件，带有c时表示文件字节大小
-amin n	查找系统中最后n分钟访问的文件
-atime n	查找系统中最后$n \times 24$小时访问的文件
-cmin n	查找系统中最后n分钟被改变文件状态的文件

续表

	解释
-ctime n	查找系统中最后n×24小时被改变文件状态的文件
-mmin n	查找系统中最后n分钟被改变文件数据的文件
-mtime n	查找系统中最后n×24小时被改变文件数据的文件（用"-"来限定更改时间在距今n日以内的文件，而用"+"来限定更改时间在距今n日以前的文件）
-maxdepthn	最大查找目录深度
-prune	选项用来指出需要忽略的目录。在使用-prune选项时要当心，因为如果同时使用了-depth选项，那么-prune选项就会被find命令忽略
-newer	如果希望查找更改时间比某个文件新但比另一个文件旧的所有文件，可以使用-newer选项。举例1：查找/opt目录下权限为777的文件，如find /opt -perm 777。举例2：查找大于1KB的文件，如find -size +1000c

■ （9）chmod命令

用于改变Linux系统文件或目录的访问权限。用它控制文件或目录的访问权限。该命令有两种用法：一种是包含字母和操作符表达式的文字设定法；另一种是包含数字的数字设定法。常用参数、权限范围、权限代号见表3-12～表3-14。

表3-12 chmod命令常用参数

	解释
-c	当发生改变时，报告处理信息
-R	处理指定目录以及其子目录下所有文件

表3-13 权限范围

	解释
u	目录或者文件的当前的用户
g	目录或者文件的当前的群组
o	除了目录或者文件的当前用户或群组之外的用户或者群组
a	所有的用户及群组

表3-14 权限代号

	解释
r	读权限，用数字4表示
w	写权限，用数字2表示
x	执行权限，用数字1表示
-	删除权限，用数字0表示
s	特殊权限

■ （10）tar命令

用来压缩和解压文件。tar本身不具有压缩功能，只具有打包功能，有关压缩及解压是调用其他的功能来完成的。常用参数见表3-15。

表3-15 tar命令常用参数

	解释		解释
-c	建立新的压缩文件	-t	显示压缩文件中的内容
-f	指定压缩文件	-z	支持gzip压缩
-r	添加文件到已经压缩文件包中	-j	支持bzip2压缩
-u	添加更新的和现有的文件到压缩包中	-Z	支持compress解压文件
-x	从压缩包中抽取文件	-v	显示操作过程

举例：将文件全部打包成tar包，如tar -cvf log.tar；压缩gzip fileName .tar.gz和.tgz，对应tar zcvf filename.tar.gz；解压gunzip filename.gz或gzip -d filename.gz，对应tar zxvf filename.tar.gz。

- （11）df命令

用以显示磁盘空间使用情况。获取硬盘被占用了多少空间、目前还剩下多少空间等信息。如果没有文件名被指定，则所有当前被挂载的文件系统的可用空间将被显示。常用参数见表3-16。

表3-16 df命令常用参数

	解释		解释
-a	全部文件系统列表	-k	区块为1024字节
-h	以方便阅读的方式显示信息	-l	只显示本地磁盘
-i	显示inode信息	-T	列出文件系统类型

举例：显示磁盘使用情况，如df –l。

- （12）du命令

du命令也是用来查看使用空间的，但是与df命令不同，Linux du命令是对文件和目录磁盘使用空间的查看。命令格式：du［选项］［文件］。常用参数见表3-17。

表3-17 du命令常用参数

	解释
-a	显示目录中所有文件大小
-k	以KB为单位显示文件大小
-m	以MB为单位显示文件大小
-g	以GB为单位显示文件大小
-h	以易读方式显示文件大小
-s	仅显示总计
-c或--total	除了显示个别目录或文件的大小外，同时也显示所有目录或文件的总和

举例：以易读方式显示文件夹内及子文件夹大小，如du -h scf/。

- （13）grep命令

grep即Global Regular Expression Print（全局正则表达式搜索）。grep的工作方式是这样的：

它在一个或多个文件中搜索字符串模板；如果模板包括空格，则必须被引用，模板后的所有字符串被看作文件名；搜索的结果被送到标准输出，不影响原文件内容。命令格式：grep [option] pattern file|dir。常用参数见表3-18。规则表达式见表3-19。

表3-18 grep命令常用参数

	解释
-A n --after-context	显示匹配字符后 n 行
-B n --before-context	显示匹配字符前 n 行
-C n --context	显示匹配字符前后 n 行
-c --count	计算符合样式的列数
-i	忽略大小写
-l	只列出文件内容符合指定样式的文件名称
-f	从文件中读取关键词
-n	显示匹配内容的所在文件中的行数
-R	递归查找文件夹

表3-19 grep的规则表达式

	解释
^	锚定行的开始。如：'^grep'匹配所有以grep开头的行
$	锚定行的结束。如：'grep$'匹配所有以grep结尾的行
.	匹配一个非换行符的字符。如：'gr.p'匹配gr后接一个任意字符，然后是p
*	匹配零个或多个先前字符。如：'*grep'匹配所有一个或多个空格后紧跟grep的行
.*	代表任意字符
[]	匹配一个指定范围内的字符，如：'[Gg]rep'匹配Grep和grep
[^]	匹配一个不在指定范围内的字符，如：'[^A-F H-Z]rep'匹配不包含A-F和H-Z的一个字母开头，紧跟rep的行
\(..\)	标记匹配字符，如：'\(love\)'，love被标记为1
\<	锚定单词的开始，如：'\<grep'匹配包含以grep开头的单词的行
\>	锚定单词的结束，如：'grep\>'匹配包含以grep结尾的单词的行
x\{m\}	重复字符x，m次，如：'o\{5\}'匹配包含5个o的行
x\{m,\}	重复字符x，至少m次，如：'o\{5,\}'匹配至少有5个o的行
x\{m,n\}	重复字符x，至少m次，不多于n次，如：'o\{5,10\}'匹配有5～10个o的行
\w	匹配文字和数字字符，也就是[A-Z a-z 0-9]，如：'G\w*p'匹配以G后跟零个或多个文字或数字字符，然后是p
\W	\w的反置形式，匹配一个或多个非单词字符，如点号句号等
\b	单词锁定符，如：'\bgrep\b'只匹配grep
举例：从文件夹中递归查找以grep开头的行，并只列出文件grep -lR '^grep' /tmp	

- （14）ps命令

ps（process status），用来查看当前运行的进程状态，一次性查看，如果需要动态连续结果则使用top。

linux上进程有5种状态：

① 运行（正在运行或在运行队列中等待）；
② 中断（休眠中，受阻，在等待某个条件的形成或接收到信号）；
③ 不可中断（收到信号不唤醒和不可运行，进程必须等待直到有中断发生）；
④ 僵死 [进程已终止，但进程描述符存在，直到父进程调用wait4()，系统调用后释放]；
⑤ 停止（进程收到SIGSTOP、SIGSTP、SIGTIN、SIGTOU信号后停止运行）。

ps工具标识进程的5种状态码，见表3-20。常用参数见表3-21。

表3-20　ps工具标识进程的5种状态码

	解释
D	不可中断 [uninterruptible sleep（usually IO）]
R	运行 [runnable（on run queue）]
S	中断（sleeping）
T	停止（traced or stopped）
Z	僵死 [a defunct（"zombie"）process]

表3-21　常用参数

	解释
-A	显示所有进程
a	显示所有进程
-a	显示同一终端下所有进程
c	显示进程真实名称
e	显示环境变量
f	显示进程间的关系
r	显示当前终端运行的进程
-aux	显示所有包含其他使用的进程

举例：显示当前所有进程，如ps -A

- （15）kill命令

发送指定的信号到相应进程。若不指定型号，将发送SIGTERM（15）终止指定进程。如果仍无法终止该程序，可用"-KILL"参数，其发送的信号为SIGKILL（9），将强制结束进程，使用ps命令或者jobs命令可以查看进程号。root用户将影响用户的进程，非root用户只能影响自己的进程。常用参数见表3-22。

表3-22　kill命令常用参数

	解释
-l	信号。如果不加信号的编号参数，则使用"-l"参数会列出全部的信号名称
-a	当处理当前进程时，不限制命令名和进程号的对应关系
-p	指定kill命令只打印相关进程的进程号，而不发送任何信号
-s	指定发送信号
-u	指定用户

举例：先使用ps查找进程pro1，然后用kill终止，如kill -9 $（ps -ef | grep pro1）

■ (16) free命令

显示系统内存使用情况,包括物理内存、交互区内存(swap)和内核缓冲区内存。常用参数见表3-23。

表3-23 free命令常用参数

	解释
-b	以Byte为单位显示内存使用情况
-k	以KB为单位显示内存使用情况
-m	以MB为单位显示内存使用情况
-g	以GB为单位显示内存使用情况
-s<间隔秒数>	持续显示内存
-t	显示内存使用总和

举例:以总和的形式显示内存的使用信息,如free -t

3.2.3 Linux文件系统

Linux没有炫目的可视化操作界面,它的操作大部分都是直接执行命令,而可执行文件都是保存在相应的目录中的,所以我们对Linux的操作大多数时候都是查找和执行这些可执行文件。Linux的文件系统是采用级层式的树状目录结构,在此结构中,最上层是根目录"/",在此目录下再创建其他的目录。在Linux世界里,一切皆文件。具体目录结构如图3-2所示。

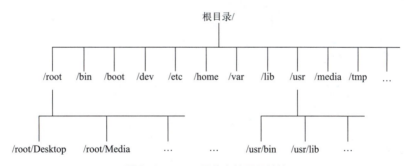

图3-2 Linux具体文件目录结构

① root:该目录为系统管理员目录。root是具有超级权限的用户。

② bin→usr/bin:存放系统预装的可执行程序。这里存放的可执行文件可以在系统的任何目录下执行。

③ usr是Linux的系统资源目录,里面存放的都是一些系统可执行文件或者系统以外的一些文件库。

④ usr/local/bin:存放用户自己的可执行文件。同样,这里存放的可执行文件可以在系统的任何目录下执行。

⑤ lib→usr/lib:这个目录存放着系统最基本的动态连接共享库,其作用类似于Windows里的DLL文件,几乎所有的应用程序都需要用到这些共享库。

⑥ boot:这个目录存放启动Linux时使用的一些核心文件,包括一些连接文件以及镜像文件。

⑦ dev：dev 是 device（设备）的缩写。该目录下存放的是 Linux 的外部设备，Linux 中的设备也是以文件的形式存在。

⑧ etc：这个目录存放系统管理所需要的所有配置文件。

⑨ home：用户的主目录。在 Linux 中，每个用户都有一个自己的目录，一般该目录名以用户的账号命名，叫作用户的根目录。用户登录以后，默认打开自己的根目录。

⑩ var：这个目录存放着不断扩充着的东西。我们习惯将那些经常被修改的文件存放在该目录下，比如运行的各种日志文件。

⑪ mnt：系统提供该目录是为了让用户临时挂载别的文件系统，我们可以将光驱挂载在 /mnt/ 上，然后进入该目录就可以查看光驱里的内容。

⑫ opt：这是 Linux 额外安装软件所存放的目录。比如，安装一个 Oracle 数据库，就可以放到这个目录下，默认为空。

⑬ tmp：这个目录是用来存放一些临时文件的。

3.2.4　Linux 文件系统常用工具

vi 和 vim 是在 Linux 中最常用的编辑器。vi 或 vim 是 Linux 最基本的文本编辑工具，vi 或 vim 虽然没有图形界面编辑器那样点鼠标的简单操作，但 vi 编辑器在系统管理、服务器管理字符界面中，永远不是图形界面的编辑器能比的。vi/vim 的三种工作模式如图 3-3 所示。

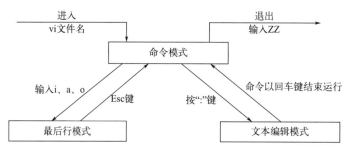

图 3-3　vi/vim 的三种工作模式

- （1）命令模式

命令模式是启动 vi 后进入的工作模式，并可转换为文本编辑模式和最后行模式。在命令模式下，从键盘上输入的任何字符都被当作编辑命令来解释，而不会在屏幕上显示。如果输入的字符是合法的 vi 命令，则 vi 就会完成相应的动作；否则 vi 会响铃警告。

vi 和 vim 有三种命令模式：

① Command（命令）模式，用于输入命名；

② Insert（插入）模式，用于插入文本；

③ Visual（可视）模式，用于视化的高亮并选定正文。

- （2）文本编辑模式

文本编辑模式用于字符编辑。在命令模式下输入 i（插入命令）、a（附加命令）等命令后进入文本编辑模式，此时输入的任何字符都被 vi 当作文件内容显示在屏幕上。按 Esc 键可从文本编辑模式返回到命令模式。

■ （3）最后行模式

在命令模式下，按"："键进入最后行模式（输入模式），此时vi会在屏幕的底部显示"："符号作为最后行模式的提示符，等待用户输入相关命令。命令执行完毕后，vi自动回到命令模式。

为了实现跨平台操作、兼容不同类型的键盘，在vi编辑器中，无论是输入命令还是输入内容都是用字母键。例如，按字母键"i"在文本编辑模式下表示输入字母"i"；如果在命令模式下，则表示将工作模式转换为文本编辑模式。

在输入模式下，vi/vim可以对文件执行写操作，类似于在Windows系统的文档中输入内容。使vim进入输入模式的方式是在命令模式状态下输入i、I、a、A、o、O等插入命令（各指令的具体功能如表3-24所示），当编辑文件完成后，按Esc键即可返回命令模式。

表3-24 不同的文本输入方式

快捷键	功能描述
i	在当前光标所在位置插入随后输入的文本，光标后的文本相应向右移动
I	在光标所在行的行首插入随后输入的文本，行首是该行的第一个非空白字符，相当于光标移动到行首执行i命令
o	在光标所在行的下面插入新的一行，光标停在空行首，等待输入文本
O	在光标所在行的上面插入新的一行，光标停在空行首，等待输入文本
a	在当前光标所在位置插入随后输入的文本
A	在光标所在行的行尾插入随后输入的文本，相当于光标移动到行尾再执行a命令

本章小结

版图设计的软件主要运行在Linux操作系统上。Linux的文件系统采用级层式的树状目录结构，通过命令的方式对文件等进行打开、移动、剪切等操作。通过使用vi、vim等常用工具进行文档的修改等操作。

习题

1. 名词解释：

（1）rm

（2）mv

（3）mkdir

（4）touch

（5）cp

2. 在Linux系统的文件编辑中，":wq" ":q" ":q!" ":w"四种退出命令的区别是什么？
3. 在Linux系统的文件编辑中插入命令是什么？进入命令模式的命令是什么？
4. 在Linux系统中如何修改一个文件的名字？
5. 在Linux控制台下创建一个以自己姓名命名的文件夹，并在该文件夹中创建一个以自己电话号码后8位命名的文件。
6. 创建一个文件，在文件中输入"Hello Linux"，保存并退出。

第 4 章

Aether 软件与操作指导

> 思维导图

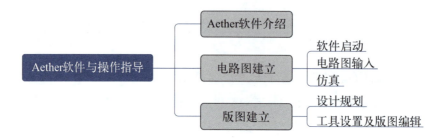

版图设计需要在专门绘制版图的软件上进行，读者需要掌握相关软件的启动、库文件的管理、电路图的建立，并了解输入电路图的绘制方法和流程以及电路图的层次化设计等知识。

4.1 Aether 软件介绍

目前国际上有代表性的 EDA（电子设计自动化）供应商有 Mentor Graphics、Cadence、Synopsys 和我国的华大九天等。

Aether 是华大九天公司生产的集成电路设计产品，是具有强大功能的大规模集成电路计算机辅助设计系统。作为主流的 EDA 设计工具，Aether 可以完成各种电子设计，包括 ASIC 设计、FPGA 设计和 PCB 设计。作为流行的 EDA 工具之一，Aether 一直以其强大的功能受到广大 EDA 工程师的青睐。华大九天 Aether 平台可提供完整的数模混合信号 IC 设计解决方案，Aether 可以完成整个 IC 设计流程的各个方面，如电路图输入（Schematic Input）、电路仿真

（Schematic Simulation）、版图设计（Layout Design）、版图验证（Layout Verification）、寄生参数提取（Layout Parasitic Extraction）以及后仿真（Post Simulation）。图4-1给出了一个简单的模拟集成电路设计流程，以及对应的软件工具。

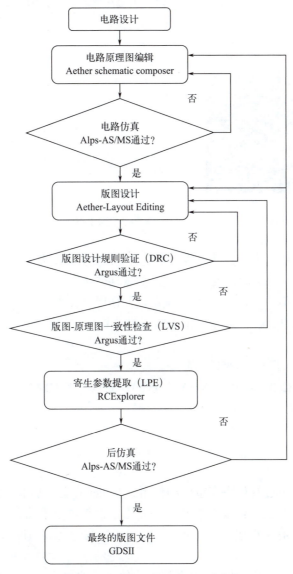

图4-1　华大九天模拟电路设计流程

4.2 电路图建立

4.2.1 Aether软件启动

要使用Aether软件，必须在计算机（或工作站）上进行一些相应的设置。完成必要的设置之后，就可以启动Aether软件。在Terminal窗口的Linux提示符后，输入"aether&"并按回车键，如图4-2（a）所示，就会出现如图4-2（b）所示的Design Manager，即设计管理窗。

在命令行结尾处键入的字符"&",表示该命令放在后台运行。

打开 Aether 的 Design Manager（DM）窗口，如图4-3所示。

图4-2 启动Aether软件

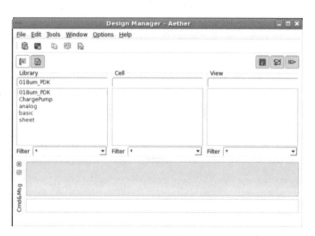

图4-3 Aether设计管理窗口界面

从DM窗口可以调用许多工具并完成许多任务。DM窗口主要包括以下几个部分：

① Window Title（窗口标题栏）：显示使用的软件名称。

② Menu Banner（菜单栏）：显示命令菜单以便使用设计工具。

③ Output Area（输出区）：显示使用电路图设计软件时的信息。可以调整DM使这个区域能显示更多信息。

④ Input Line（输入行）：用来输入命令。

⑤ Library（库）、Cell（单元）、View（视图）：显示三者的内容。

⑥ Icon（图标）：命令快捷方式。

4.2.2 库文件建立

库（Library）在Aether软件中有重要的作用。Aether的文件基本上是按照库、单元和视图的层次进行管理的。库是一组单元的集合，库也包含与每个单元有关的各种不同的视图。需要将与项目相关的所有文档放在一个库里，便于不同文件之间的调用。Aether软件中的库分为设计库和基准库两类。

① 基准库：Aether软件提供的库，存储该软件提供的单元和几种主要符号集合。各种引脚（pin）和门都已存储在基准库中。例如库analog存储模拟模块，库basic则包含特殊引脚等信息。

② 设计库：用户自己创建的库。设计库有读写通路，因此可以对设计的内容进行编辑和存储。

③ 单元（Cell）：建造芯片或逻辑系统的最低层次的结构单元。

④ 视图类型（View）：一种特殊单元。每个Cell可以具有多个View，如Layout（版图）、Schematic（电路图）和Symbol（符号）等都是常用的视图类型。

DM对话框包含Library、Cell、View三列。在Library这一列中，包含了Aether软件提供的基准库和自己创建的设计库。

4.2.3 电路图输入

电路图是指由晶体管、电阻、电容、电源和导线等连接而成的图形。学习版图设计之前,先学习电路图的画法,主要有以下原因:

① 任何一个集成电路的设计都是从电路设计开始的。电路设计人员先选电路方案,再进行仿真并不断修改,直到设计指标达到要求之后确定的电路图才能成为版图设计的依据。版图设计人员设计电路图水平的高低,对版图设计质量有非常大的影响,因此要求版图设计人员也具有较好的电路设计水平。

② 版图设计完成后,要进行LVS验证。LVS是对版图和电路图的一致性检查,为了进行对比验证,不仅要有版图,也要有电路图作为验证输入文件。这就需要版图设计人员会画电路图。

③ 电路图是用Aether软件画成的,它不仅在版图设计中有上述作用,还能在电路设计时进行仿真。在学习版图设计之前,先学习电路图的画法,可以逐渐熟悉Aether软件的作用和Linux的操作方法,为学习版图设计打下基础。

4.2.3.1 建立新库

Aether是以库来组织文件的。库管理器中包含有Aether软件提供的一些元件库,如analog、basic等。用户在工作过程中建立的库也放在库管理器中,例如开始某一项新工程(project)时,该工程的名称就可以作为新库名,而新工程的模块就可设置成为库中的cell,或者以自己姓名拼音的缩写作为库名。总之,无论画电路图还是设计版图,都和建库有关。

建立电路图新库的步骤如下:

① 有两种方法来建立新库,一种是通过File→New→Library...来建立新库,另一种是通过单击 来建立新库。这里用第一种方法建立新库。选择命令File→New→Library...,出现"New Library"对话框,如图4-4所示。

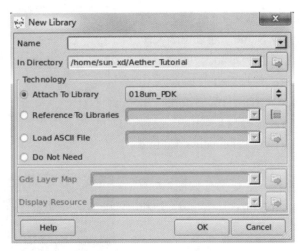

图4-4 建立新库对话框

② 在对话框Library的Name项中输入新库名,例如abc。

③ 在Technology相关项中提示:如果要在这个库中建立掩模版图或其他物理数据,需要技术文件。若只用电路图数据,则不需要技术文件。在提示后面有四个选项:

- 添加已有的技术文件。
- 参考已有的技术文件。
- 编写新的技术文件。
- 不需要技术文件。

技术文件主要包括：层的定义和符号化器件的定义，层、物理及电学规则和针对特定Aether工具的一些规则（如自动布局布线的一些规则）的定义，版图转换成GDSII时用到的层号的定义等。

这里以选择添加已有的技术文件（018um_PDK）为例进行说明，如图4-4所示。

④ 点击OK，新库建成，新建的库abc是一个空库，里面什么单元都没有，如图4-5所示。用户可以在库中生成自己需要的单元，或者把其他库中已有的单元复制到这个库中作为新库的单元。

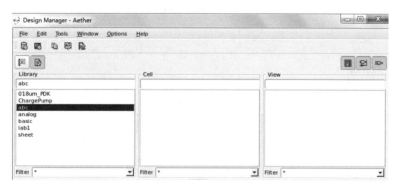

图4-5　新建立的库为空

4.2.3.2　电路图编辑窗口

在DM中选择File→New→Cellview，出现"New Cell/View"对话框，如图4-6所示。对话框设置如下：对于Library Name，通过位于文本区右侧的按钮选择刚建立的新库abc。以画一个反相器（inverter）为例，则在Cell中输入反相器的缩写inv。点击Type文本区右侧的按钮，出现若干个下拉菜单选项，选择Schematic，设置完成后单击OK按钮，出现Schematic：Editing（即电路图编辑窗口），如图4-7所示。

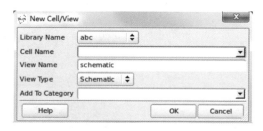

图4-6　建立新电路图对话框

电路图编辑窗口的各个主要部分如图4-7所示。下面对其中的Menu Banner（菜单栏）和Icon Bar（图标栏）进行介绍。

■ （1）Menu Banner（菜单栏）

菜单栏位于电路图编辑窗口的第2行。用光标点击每个菜单名，都会出现下拉菜单，下拉菜单分为3类：

图4-7　新建立的电路图编辑窗口

① 下拉菜单名后有3个点，表示选中它时有对话框出现。

② 在部分下拉菜单名后出现的字符（如X、C或del等）表示该下拉菜单的快捷键。快捷键是键盘上的一个字符键或功能键，用快捷键启动命令，可代替鼠标操作。

③ 下拉菜单后的三角符号表示该菜单还有子菜单。

■ （2）Icon Bar（图标栏）

图标栏位于电路图编辑窗口的第3行，这些图标符号表示一些常用的命令。将它们单独列出来，便于快速选用。34个图标菜单的符号和功能如表4-1所示。

表4-1 图标栏各图标功能及释义

功能	释义	功能	释义
Save	将绘制的电路图（Cellview）存盘	Remove All Traces	删除所有追踪
Check and Save	检查并存盘	Tab	编辑窗口全屏显示
Save All	保存所有的电路图	Undo	取消前一步操作
Fit	把全部图形都显示在屏幕上	Redo	重复前一步操作
Instance	建立Instance（例图）	Delete	删除图形
Wire	画细线	Stretch	拉动一个图形的边或角
Bus	画总线	Move	移动
Wire Name	给电路图中的连线标名字	Copy	复制
Pin	建立Pin（引脚）	Align	弹出对齐窗口，选择对齐方式对齐
Solder Dot	焊点	Property	编辑所选器件属性、参数等
Patchcord	接线	Find/Replace	查找/替换
NoERC	不做ERC检查	Check Current Cellview	检查当前单元
NoteText	注释文本	Find Maker	查找错误
Edit in Place	在当前层编辑	Delete All Markers	删除所有错误
Descend Edit	逐层向下打开编辑	Technology Manager	技术文件管理
Return	返回上一层	Attach Technology	添加技术文件
Trace Net	跟踪节点	MDE	打开Mixed-signal Design Environment窗口

当把光标移动到某个图标上时，它的名称就会出现在该图标下，例如光标移动到Copy图标时，显示的图标名称如图4-8所示。

4.2.3.3 使用Aether进行电路图的输入

接下来以反相器为例，介绍如何使用Aether进行电路图的输入。

图4-8 复制图标

■ (1) 绘制电路图

① 添加器件。选择命令Create→Instance...，或选择图标Instance，出现"Create Instance"对话框，如图4-9所示。符号"i"是Create Instance的快捷键。Instance是进行复制的原件，有了例图就可以在不同的地方复制若干图形。Aether软件中基准库内的单元大都可以作为例图使用，如各种MOS器件的符号。用户在设计中成功建立的电路图，经检查存盘后也可以在后续工作中被本人或他人作为例图加以调用，即库中已经存在的某个单元（原单元）被新单元调用时，就把原单元作为一个Instance在新单元中加以复制。这种复制是把Instance作为一个整体进行的，它们在被复制的电路中也是以整体出现，不能在各个复制的电路中对例图内容进行改变，必须回到例图原件中才能进行修改，修改后凡是从例图复制的电路也同时进行了修改。

"Create Instance"设有浏览功能，选中并点击Browser按钮，就会出现"Browser"对话框（浏览框），如图4-10所示。用浏览框可以很快按照Library→Cell→View的顺序找到所需要的MOS器件。例如将018um_PDK中的n18和symbol分别输入库、单元和视图类型的名称中，n18和p18都是三极（漏、栅和源）、4端（漏、栅、源和衬底）的器件符号，在每个端都有一个红色正方形接线点用来进行连线。当光标点击了浏览框的Close按钮后，黄色的器件符号就跟随鼠标指针移动，在需要放置MOS管符号的地方单击鼠标左键，就会在那里复制一个器件符号，且变为彩色。随着指针的移动，可以在其他地方继续这个复制过程。按Esc键

图4-9 加器件对话框

图4-10 浏览、选中需要添加的器件

将停止执行复制命令，这时跟在指针后的黄色器件符号也立即消失。用相同的方法可以复制018um_PDK中的p18。

② 连线。线有粗、细之分，粗线一般用来表示总线，普通的连线一般都用细线。

选细线的命令是Create→Wire（narrow）（W），也可以单击图标栏中的Create Wire图标。连线时要注意以下几点：

·在线的起点单击鼠标左键，然后沿着线的方向移动光标。若线的终点没有别的电极或连线，则要双击鼠标左键才能终止画线。

·若线的终点是其他线段或电极，在终点处单击左键即可。

·如果线有转折，只需在转折处单击鼠标左键（有时可以不必点击，直接转折），然后移动鼠标继续画线。

• 一个节点只能引出3根线,如果有两条线正交,不能按一般习惯画节点,要画成两个节点,这是Aether软件电路图和常规电路图不同之处。

• 器件的电极连接点为红色方块,当指针靠近某个电极节点时,会出现一个黄色菱形在电极节点中心。如果要与这个电极进行连接,无论是在线的起点还是终点,光标都应进入红色电极节点。

③ 添加电源和地符号。电源VDD和地GND的符号在basic库中选择和调用,然后进行连线。

④ 添加引脚。加引脚的命令是Create→Pin...(P),也可以单击图标栏中的Create Pin图标。出现"Create Pin"对话框,如图4-11所示。输入引脚的名字并注意选择其方向。Pin的方向有Input、Output、InputOutput、Switch等选择,要注意区分。如果电路图中有多个输入(出)端,可以一次输入到对话框的Pin Names文本区,但每个引脚名之间要用空格隔开。输入完成后,指针点击对话框的Hide按钮,引脚名就跟随指针移动,按照输入对话框Pin Names文本区排列的次序,将指针移到电路图的第1个引脚,单击鼠标左键一次,就在电路图的引脚位置加上一个引脚。然后指针移动到第2个引脚,再单击鼠标左键一次。如此继续,直到将输入的引脚全部加到电路图中。注意:上述操作中,在每个引脚处只能单击鼠标左键一次,如果不慎在电路图中一个引脚处点击了两次,就会把两个引脚名加到同一个引脚上,之后的对应关系就全部错位了,到最后一个引脚就没有符号可加。

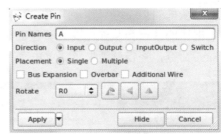

图4-11 创建引脚对话框

⑤ 加线名。加线名也就是将线名标到线上。点击Wire Name图标,出现"Create Wire Name"对话框,如图4-12所示。在Wire Names文本区输入线名并选取其他选项,然后点击"Hide"按钮,指针移动到要放置的线上并单击鼠标左键,线名就出现在线上。

图4-12 创建线名对话框

⑥ 编辑器件属性。表示器件属性的参数可以用命令Property进行设置。方法是:

• 先在电路图中选器件。指针进入某个器件的图形区,就会出现一个白色虚线矩形将器件包围。单击鼠标左键,白色虚线变成白色实线,表示该器件已经被选中。

• 选择命令Edit→Property→Object...,或按快捷键<Q>,出现"Edit Instance Properties"对话框,如图4-13所示。各个参数的显示方式由右边一列Display下的下拉菜单决定,包括Off、Value、

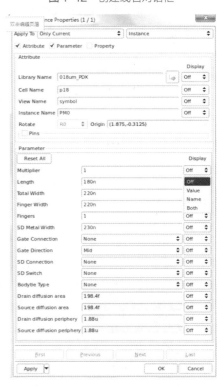

图4-13 编辑器件属性对话框

Name、Both等4种选择,默认设置为Off。例如将PMOS管的Finger Width(宽度)输入对应的文本区,即使显示设置为Off,这些数值也会在电路图的器件符号中显示出来。

⑦ 检查并存盘。命令是Check and Save。这里的检查主要是针对电路的连接关系:连线或引脚浮空,总线与单线连接错误等。如果有错误或警告出现,在"Schematic Check"中会显示出错的原因,可以根据它进行纠正。图4-14所示为对一个反相器做检查并存盘后,出现一个警告。使用命令Verify→Find Marker...(G),出现如图4-15所示的"Find Marker"对话框。从框的Reason(原因)区,可知错误原因是PMOS管的衬底(B)悬空。同时在电路图中出错的节点会从红色变为黄色并闪烁,只要将PMOS的衬底连接VDD,再执行Check and Save命令,警告就消失了。单击菜单栏中的Fit,可以把全部图形都显示在屏幕上。

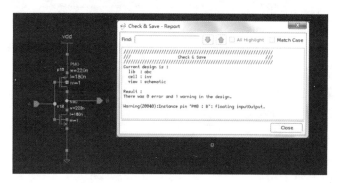

图4-14 检查存盘后出现警告

图4-15 查找错误

■ (2)建立Symbol

Schematic和Symbol都是反相器单元(Cell)的视图类型。Schematic是由各种器件、连线及终端组成的电路图;而Symbol则是反相器的符号,即忽略电路图的内部结构,只把它看成一个黑盒。两者的结构不同,用途也不同,但它们在不同的场合都代表一个单元。

建立Symbol的步骤如下:

① 建立Symbol是在检查并存盘的Schematic上进行的。在需要建立Symbol的电路图中,选择命令Create→Symbol View...,出现"Creat Symbol View"对话框,如图4-16所示。

② 电路中各个引脚(Pin)会分别出现在对话框Pin Options所规定的Left Pins、Right Pins、Top Pins、Bottom Pins中。也可以自己安排引脚放置的位置,例如,一般习惯将输入端放在左边,输出端放在右边,或者把输入端放在下面,输出端放在上面。

图4-16 Create Symbol View对话框

设置完成后单击OK按钮,系统生成一个长方形的Symbol符号,如图4-17所示。无论什么功能的电路,系统生成的Symbol符号都是这种形状,区别仅在于输入端和输出端数目的不同,或者长方形大小的变化。虽然可以像电路图中移动连线一样移动长方形符号的位置,但也仅仅能够改变长方形的宽度和高度,Symbol符号仍然没有特色,无法从Symbol符号的形状立即区分它们各自的电路功能，因此需要改变Symbol符号的形状。

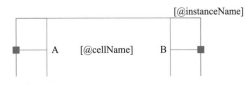

图4-17　系统生成的长方形Symbol符号

③ 生成一个标准图形符号来代替长方形的图形符号。标准图形符号中每一种功能的电路，其符号是不同的，例如反相器、与门、或门、与非门、或非门等都有不同的逻辑符号，从逻辑符号形状就能区分它们的功能。标准图形的符号是国际惯例中规定的符号。改变Symbol形状的方法如下：

- 图4-16，生成Symbol选项中Symbol Shape选择右下角的反相器图形。
- 用快捷键m（move）命令将Pin名A、B和cellName、instanceName分别移动位置。
- 修改partName名称。选中[@partName]，单击鼠标右键，选择Direct Text Edit，或使用快捷键T，修改Symbol名称为inv，最终得到的完整Symbol如图4-18所示。

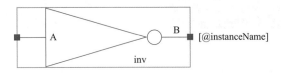

图4-18　标准图形符号代替长方形的图形符号

4.2.4　电路图仿真

接下来进行电路图仿真，首先搭建仿真环境。快捷键i调入analog库vdc，加入电压源，通过快捷键"Q"来打开器件的属性进行设置，将DC的电压设置为1.8V，如图4-19（a）所示。输入信号用快捷键"i"调入analog库vpulse，分别设置V1、V2、TD（延迟时间）、TR

(a) 输入电压设置　　　　　　(b) 脉冲激励设置

图4-19　输入电压与脉冲激励设置

（上升时间）、TF（下降时间）、PW（维持高电平的时间）、PER（1个周期的时间），可以通过快捷键"Q"来打开器件的属性进行设置，设置数值如图4-19（b）所示。

快捷键调入analog库cap，设置尺寸为50fF，最终得到仿真环境电路如图4-20所示。

仿真环境搭建完成后，进行仿真。

① 启动MDE仿真，如图4-21所示。

② 在Model File窗口，鼠标右键单击调入模型库，如图4-22所示。

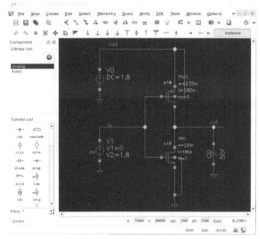
图4-20 仿真环境图

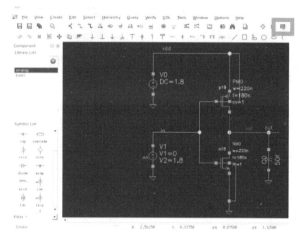
图4-21 启动MDE仿真

图4-22 调入模型库

③ 在Analysis窗口鼠标右键单击，添加瞬态仿真，如图4-23所示。

④ 在Outputs窗口鼠标右键单击，添加打印信号仿真，Add Signal——添加输入和输出信号。

⑤ 开始仿真，点击Netlist And Run按钮。

⑥ 查看波形。图4-24显示的是反相器的瞬态仿真波形，黄色信号为输入信号，红色信号为输出信号。

4.2.5 电路图层次化设计

前面介绍的电路图设计都是在晶体管级进行的。这对于小的电路图是合适的，因为规

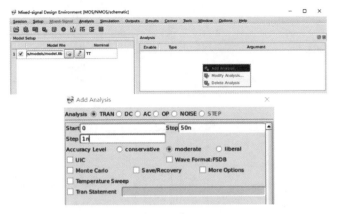

图4-23 添加瞬态仿真

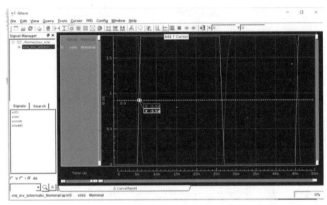

图4-24 反相器瞬态仿真波形图

扫码看彩图

模小，包含的器件数少。但是这种方法不能直接在大规模电路图中应用，尤其是规模特别大的电路或电子系统，这些特别大的电路或电子系统通常采用方框图来表示。事实上，现在的集成电路设计，都是用层次化方法进行设计，即在最底层的晶体管级画出不同单元的Schematic和Symbol组成门级电路。由各种门级电路可以组成触发器、译码器等高一个层次的电路，由这些电路再组成计数器或其他功能更复杂的电路，层层向上，顶层的电路只用几个单元就能构成方框图了。另外，构造某一层的电路图时，层次比它低的单元都可以作为Instance进行调用复制。但是某个单元作为Instance调用时只能在该单元的View选项中选它的Symbol，不能用Schematic。下面举一个缓冲器的例子来说明电路图的层次化设计。

用门级以上的Symbol作为Instance画电路图的方法，与画晶体管级电路图的方法只有一个区别，就是门级的Symbol代替了MOS管的Symbol，除此之外，其他的步骤和方法都完全相同，因此就可以画比晶体管级和门级更高层次的电路图。图4-25所示为一个低压缓冲器的Symbol，从Symbol无法看清它们的电路结构，需要逐层向下打开来看。方法是：

① 单击鼠标左键，选中缓冲器的Symbol。

② 选择命令Hierarchy→Descend Edit...，或按快捷键Shift+E，出现schematic/symbol选择框，选择schematic。

③ 单击Descend对话框中"OK"按钮，出现低压缓冲器的电路图，如图4-26所示。

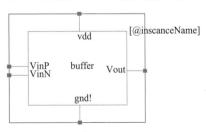

图4-25 一个低压缓冲器的Symbol

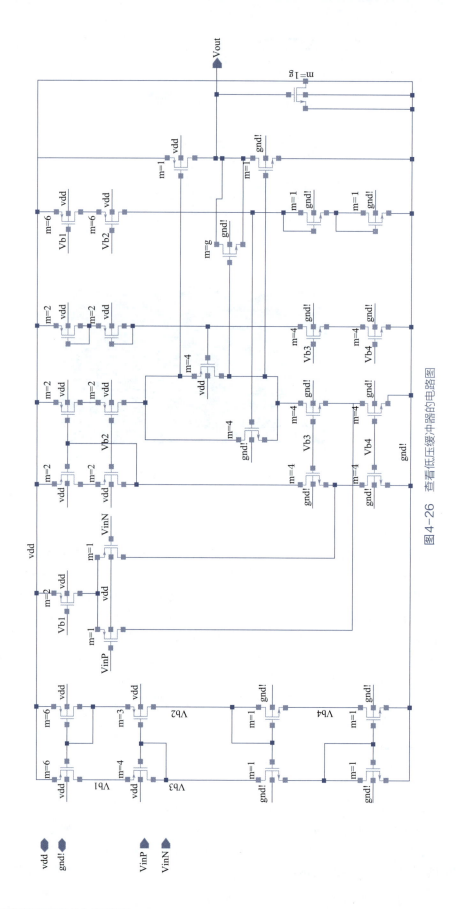

图4-26 查看低压缓冲器的电路图

以上的过程是从顶层逐步向底层查看，反过来也可以从底层逐级向顶层查看。方法是：Hierarchy → Return。如果从底层（晶体管级）开始，可以一层层向上直至顶层。从底层回到顶层的一种简单方法是采用命令：Hierarchy → Return To Top。

4.3 版图建立

4.3.1 版图设计规则

进行电路设计时一般都希望版图设计得尽量紧凑，而从工艺方面考虑则希望是一个高成品率的工艺。设计规则是使两者都满意的折中，在芯片尺寸尽可能小的前提下，使得即使存在工艺偏差也可以正确地制造出集成电路，尽可能地提高电路制备的成品率。设计规则是良好的规范文献，它列出了元件（导体、有源区、电阻器等）的最小宽度、相邻部件之间所允许的最小间距、必要的重叠和与给定的工艺相配合的其他尺寸。对于一种工艺，当确定其设计规则时，要考虑的因素有掩模的对准、掩模的非线性、片子的弯曲度、外扩散（横向扩散）、氧化生长剖面、横向钻蚀、光学分辨率以及它们与电路的性能和产量的关系。设计规则规定了在掩模版上每个几何图形如何与彼此相关的另一块掩模版上的图形水平对准。除了明确指出的不同点以外，所有的规则是指相应几何图形之间的最小间隔。

设计规则一般分为两种。第一种设计规则是直接以微米为单位表示最小尺寸。但是即使是最小尺寸相同，不同公司、不同工艺流程的设计规则都不同，这就使得在不同工艺之间进行设计的导出、导入非常耗费时间。另外，可以采用第二种设计规则，即由 Mead 和 Conway 推广的比例设计规则。它对整个版图设置一个参数作为所有设计规则中最小的那一个，其他设计规则的数值都是这个参数的整数倍。此参数对应于不同的工艺有着不同的值（以微米为单位），从而实现其他规则随之线性变化。

集成电路的版图设计规则一般都包含以下四种：

■ （1）最小宽度

版图设计时，几何图形的宽度和长度必须大于或等于设计规则中最小宽度的数值。例如，若金属连线的宽度太窄，由于制造偏差的影响，可能导致金属断线，或者在局部过窄处形成大的电阻。

■ （2）最小间距

在同一层掩模上，图形之间的间隔必须大于或等于最小间距。例如，如果两条金属线间的间隔太小，就可能造成短路。在某些情况下，不同层的掩模图形间隔也不能小于最小间距，例如多晶硅与有源区之间要保持最小间距，避免发生重叠。

■ （3）最小包围

N阱、N+和P+离子注入区在包围有源区时，都应该有足够的余量，以确保即使出现光刻套准偏差，器件有源区也始终在N阱、N+和P+离子注入区内。应使接触孔被多晶硅、有源区和金属包围，以保证接触孔位于多晶硅（或有源区）内。

■ （4）最小延伸

某些层次重叠于其他层次之上时，不能仅仅到达边缘为止，应该延伸到边缘之外一个最小长度。例如MOS管多晶硅栅极必须延伸到有源区之外一定长度，以确保MOS管有源区边缘能正常工作，避免源极和漏极在边缘短路。

4.3.2 版图工具的设置

华大九天的Aether和Cadence的界面很像，它们都是大型软件，版图设计只是其功能之一。为了进行版图设计，需要建立画版图的库文件并对系统做一些相应的设置。

■ （1）建立版图库

和电路图（Schematic）的文件管理器一样，在Aether系统中，版图文件的管理也是按照库（Library）、单元（Cell）和视图类型（View）的体系进行的。因此，为了进行版图设计，需要从建立一个新库开始，这和画电路图的方法相同。一般建议将电路图的Cell和稍后建立的版图Cell放在同一个库里，这里使用之前绘制电路图时新建的库abc。

同理，像新建电路Cell一样，在库abc里需要新建版图Cell，用命令File→New→Cellview...，出现"New Cell/View"对话框，如图4-27（a）所示。在对话框中，库名选为abc，仍然以绘制一个反相器为例，在Cell的文本区输入inv。在Type后面的类型中选择Layout，则View的文本区自动会生成Layout，点击OK按钮，屏幕上将出现版图编辑窗口（Layout：Editing），如图4-27（b）所示。

■ （2）对层选择窗口进行设置

层选择窗口如图4-28所示。层符号分为3个部分：左边表示层的颜色及图案，中间是层的名称，右边为层的用途。

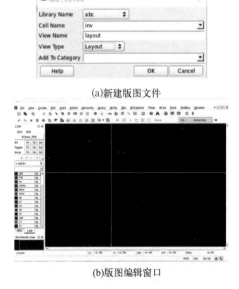

(a)新建版图文件

(b)版图编辑窗口

图4-27　建立版图库

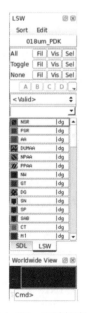

图4-28　层选择窗口

在版图窗口中所画的几何图形，是将所有层次的图形重叠在一起的。为了区分不同的层次，通常将它们设置为不同的颜色和图案。为了完成颜色和图案的设置，在Design Manager库管理窗口点击Tools，出现如图4-29所示菜单，选择Display Resources Editor，出现"Display Resource Editor"对话框，如图4-30所示。可以对每一层填充的颜色（Fill Color）、外框颜色（Outline Color）、点画（Stipple）和线型（Line Style）分别进行设置。设置完毕后单击左下角按钮Apply。在这个对话框中进行颜色和图案设置之前，先要将Application设置为Virtuoso，同时在Tech Lib Name的文本区输入技术文件名称，否则对话框中就不会出现层的图形符号。最后，选择File→Save…，出现"Save As"对话框，单击Save按钮即可，如图4-31所示。

图4-29　关于层的操作

需要注意的是，只有最开始建立新库，选择编辑一个新的技术文件时，此处的设置才能保存，如果选择的是现有库，是无法对层次的颜色和图案进行更改并保存的。

LSW上还有AV、NV、AS和NS四个并排的按钮。其中，AV设置各层全部为可视，NV设置各层为不可视；AS设置各层都可以选择，NS则设置各层全部不可选择。

■（3）版图编辑窗口的设置

版图编辑窗口（Layout：Editing）包含菜单栏、图标栏、状态栏和设计区等栏目。菜单栏位于窗口标题栏之下的第1行，包括执行版图编辑器命令的菜单，例如Create、Edit等；图标栏位于窗口标题栏下的第2、3行，包括一些常用命令的图标；状态栏在窗口的最下面，用来显示信息的模式和坐标。

① 菜单栏（Menu Banner）。菜单栏位于版图编辑窗口第2行，包括File、View、Create、Edit、Vcell、Select、Verify等命令。

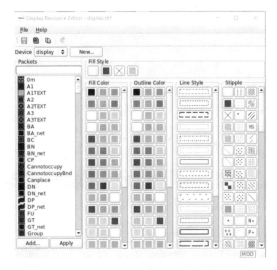

图4-30　Display Resource Editor编辑窗口

图4-31　保存版图库文件

当指针移动到某个菜单并单击鼠标左键时，每个命令的下拉菜单即显示出来。部分常用命令和子命令的快捷键如表4-2所示。

表4-2 部分常用命令和子命令的快捷键

命令	子命令		快捷键	命令	子命令		快捷键
Create	Wiring	Rectangle	B	Edit	Basic	Chop	Shift+c
		Polygon	Shift+P			Merge	Shift+m
		Path	p			Properties	q
		Bus	Ctrl+Shift+x		Select	Select All	Ctrl+A
	Instance		i	View	Zoom In		Ctrl+z
	Label		L		Zoom Out		Shift+z
	Via		o		Zoom To Area		z
Edit	Undo		u		Zoom To Grid		Ctrl+g
	Redo		Shift+u		Zoom To Selected		Ctrl+t
	Move		m		Zoom To Fit All		f
	Copy		c		Zoom To Fit Edit		Ctrl+x
	Stretch		s	Options	Display		E
	Delete		Del		Editor		Shift+e
	Repeat Copy		H	Tools	Create Ruler		K
	Rotate		Shift+o		Clear All Rulers		Shift+k

当菜单中某个命令的名字为阴影而不是实线时，表示不能用这条命令。因此，从菜单名的颜色就能得知一个单元的读/写状态，例如当单元以只读方式打开时，存盘命令就是阴影。

② 图标栏（Icon Menu）。图标栏位于版图编辑窗口第3行，图标栏包括的命令如表4-3所示。

表4-3 图标栏包括的命令图标

功能	释义	功能	释义
Save	——将Cellview存盘	Start Physical Verification	——开始物理验证
Save all	——将所有Cellview存盘	Run Argus DRC	——跑DRC
Fit	——将页面内的图形居中摆放	Run Argus LVS	——跑LVS
Rectangle	——画矩形	Technology Manager	——技术管理窗口
Polygon	——画不规则形状	Attach Technology	——粘贴技术文件
Path	——画线	Undo	——取消前一步操作
Bus	——画粗线	Redo	——返回前一步操作
Instance	——插入器件	Delete	——删除单元中的图形
Label	——插入标识层	Stretch	——拉动一个图形的边或角
Guard Ring	——画保护环	Move	——移动本单元中的目标图形
Via	——画通孔	Copy	——复制屏幕上Cellview内的目标

续表

功能	释义		功能	释义	
Edit in Place		——进入到cell底层编辑	Chop		——剪切图形
Return		——回到顶层	Reshape		——重新调整图形的形状
Ruler		——标尺	Split		——图形分裂
Clear All Rulers		——去除标尺	Resize		——重新调整图形的尺寸
Trace Net		——跟踪网络	Metal Slot		——金属槽
Short Locator		——短路位置	Metal Fill		——金属填充
Resistance		——电阻	Generate Layer		——生长层次。点击后右边有一个倒三角：。点击倒三角后出现And、Or以及Not，用来具体选择生长层次的方式
Tab		——将各个Cell的名字展示在图上面	Select Inside Objects in Group		——选择内部目标的图形
Property		——编辑目标的属性	Select Inside Objects in Route		——选择内部目标的线
Find/Replace		——查找/替换器件	Select via Stack		——选择通孔堆叠
Align		——排列对齐			

③ 状态栏（Status Banner）。状态栏位于编辑窗口的最下面一行，用来显示光标、选择、目标和命令等信息。

- Cmd——当前正在使用的命令。
- Select:0——选择方式：选择全部目标（F）、部分目标及选择的目标数。
- X，Y——光标的X和Y坐标。
- dX，dY——输入的上一点（基准点）和光标位置坐标之差。
- Dist——输入的上一点和光标位置之间的距离。

④ 启动命令和取消命令的方法：

a. 启动命令。可以用以下几种方法来启动命令：

- 从版图编辑器的菜单选择命令。
- 点击版图编辑窗口上面的图标。
- 移动指针进入目标图形，按快捷键。

b. 取消命令。在不改变命令或不停止自动重复命令的情况下，可以用下面的方法来取消命令：

- 按<Esc>键。这时如果有命令对话框在显示，会立即关闭。
- 点击对话框中的"Cancel"按钮。

c. 关于命令的对话框。对话框是使用命令时才出现的窗口，可以利用对话框来改变命令的设置。在版图编辑器中有两种对话框：

• 标准框。用来在命令执行前改变命令的设置，当启动命令时会自动出现。标准框上的按钮如图4-32（a）所示。它们的功能如下：

Apply——完成命令并保持命令有效，使标准框位于屏幕上。

Help——调出 Aether 助手。

Default——对标准框上的选项恢复设置为默认值。

OK——已经完成命令，关闭对话框。

Cancel——尚未执行命令就关闭对话框。

• 选项框。在运行命令时改变命令的设置。选项框的按钮如图4-32（b）所示，它们的功能如下：

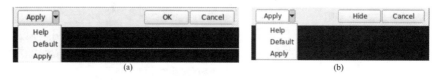

图4-32　标准框、选项框的按钮

Apply——完成命令并保持命令有效，使标准框位于屏幕上。

Help——调出 Aether 助手。

Default——如果框中有选项，要重新设置默认值。注意：很多对话框中没有Default这个按钮，因为对于这个命令没有合适的默认设置。

Hide——关闭对话框，但命令仍继续执行。

Cancel——关闭对话框，且停止执行命令。

命令的对话框能否被显示出来，取决于该命令有没有标准框或选项框。因此显示对话框的方法也有两种：一是在所选的菜单命令后有3个点，表明标准框会自动出现；二是当使用命令时，双击鼠标中键或按<F3>键，若有对话框就会自动出现。图4-33为Rotate的选项对话框，它是双击鼠标中键或按<F3>键后显示的。

图4-33　Rotate的选项对话框

■（4）使用Option菜单进行版图编辑窗口设置

Option是版图编辑窗口中的命令菜单，对于版图编辑窗口的设置有很重要的作用，可以控制当前窗口的特性和正在运行的应用。其中，Display的设置只影响实际窗口，而Editor的设置则影响整个版图编辑窗口。下面主要介绍Display显示命令。

在Design Manager窗口选择Options→Display...（E），出现"Display Options"对话框，如图4-34所示。通过

图4-34　Display Options对话框

这个对话框可以进行Display Controls、Grid Controls、Array Display、Display Levels等的设置。

① Display Controls。这个区域内的选项控制所画单元（Cellview）目标的出现和命令的特性。其中很多是做自动布局布线时用的，此处不做详细介绍。

② Grid Controls。格点是显示在版图窗口设计区的坐标点。它的设置非常重要，特别是当采用不同的设计规则时要选用不同的格点设置，否则会影响画图的速度和后面的验证工作。

Type控制格点的显示类型：none表示关闭格点显示；dots为点，每格显示一点；lines则用实线构成方格。

有两种不同的格点：小格点（Minor）和大格点（Major）。小格点在每微米都显示，而大格点则每隔5μm才显示。Minor Spacing和Major Spacing用以设置可视格点的单位，这时显示格点的最小间距就是两者之中最小的一个。

X Snap Spacing和Y Snap Spacing设置X轴和Y轴方向显示的间距。用直尺（Ruler）测量尺寸时的最小单位就是所设置的数据，例如当两者设置为0.01时，测量的最小单位为0.01μm，每隔0.01μm改变一次数字。

上面4个参数的默认设置为1、5、0.1、0.1。对于1μm或者亚微米的设计规则，这些数值显然太大了，可以把Minor Spacing和Major Spacing设置为0.1和0.5，X Snap Spacing和Y Snap Spacing都设置为0.01。究竟设置什么数据合适，可按照设计规则并输入一组数据进行试验，不合适再做修改。

③ Snap Modes。它表示创建（Create）和编辑（Edit）版图时光标移动的方式，在下拉菜单中包括了各种选项。如图4-35所示分别为Create和Edit的下拉菜单。例如，如果选orthogonal（正交）模式，光标就只能沿水平或垂直方向移动；如果要画一条斜线，可以选anyAngle（任意角）或diagonal（对角）模式。

图4-35 Create和Edit的下拉菜单

④ 设置显示命令的方法。对于以上设置，可以按照上述方法进行，先单击要设置的选项并改变为要求的数据，然后单击Apply按钮，可以观察改变的结果。当设置完成后，单击OK按钮即可。

■ （5）绘制版图

建立了版图库并且对LSW和版图编辑窗口进行了一些必要的设置后，就可以进行版图绘制了。

版图的绘制分如下几步。

第一步，设置输入层。

版图图形是多层叠加在一起的，它们是一层层画出来的。在这些层当中，把当前正在画的层称为输入层，要在版图窗口中画图，一定要将需要画的层设置为输入层，否则就不能画出这一层的图形。

在LSW中，输入层符号是被粗黑线包围显示的，而且在LSW上部显示的那个层符号也是输入层的符号。

在LSW中，设置输入层的方法是用鼠标左键单击LSW中即将选为输入层的层符号。注意：一定要用鼠标左键；如果用了鼠标的其他键，就可能设置成其他用途，甚至改变层的选择性和可视性。

第二步，建立几何图形。

版图图形是一些基本几何图形的组合。下面介绍版图中各种几何图形的画法。

① 矩形（Rectangle）：

建立矩形的命令是 Create→Shape→Rectangle，或按快捷键 r。

由两个对角顶点的坐标决定矩形的大小。先选择建立矩形的命令，这时位于版图编辑窗口最下面的提示行显示：

Point at the first corner of the rectangle:（矩形第一角的顶点）

再选择输入层，并且将鼠标左键在屏幕上某点单击一次，该点就成为矩形第一角的顶点。然后，提示行显示：

Point at the opposite corner of the rectangle:（矩形对角的顶点）

只有将对角顶点确定后才能构成矩形，移动鼠标时在第一点和光标之间就显示一个输入层颜色的矩形，它的大小随光标移动而改变。而且在光标的旁边有一个矩形的形状，表示正在画的图形是矩形。移动鼠标是指在不按鼠标键的情况下改变鼠标的位置。当光标移动到要求的对角顶点时再单击鼠标左键，矩形就画成并显示在屏幕上。画完一个矩形，建立矩形的命令并没有停止，还可以继续画更多矩形，或者用其他层画矩形。当要停止画矩形命令时，在键盘上按<Esc>键即可停止执行这条命令。

② 多边形（Polygon）。建立多边形的方法有下面 3 种。

a. 菜单栏 Create→Shape→Polygon，或按快捷键 Shift+p。选择画多边形命令后，提示行显示：

Point at the first point of the polygon:（多边形第一点位置）

选择输入层，然后在第一点单击鼠标左键，提示行显示：

Point at the next point of the polygon:（多边形下一点位置）

继续单击多边形的各个顶点，每单击一次就建立多边形新的一边。在第一点和最新输入点之间有虚线连接，如果这段虚线和前面各点之间的实线所构成的图形就是想要建立的多边形，版图编辑器将结束该多边形建立过程，双击鼠标左键（或按回车键）使多边形封闭，就可以完成多边形的绘制，光标也从多边形上离开。上述过程如图 4-36 所示。

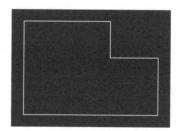

图 4-36　多边形的版图绘制过程

b. 如图 4-37 所示，这种方法是用多个矩形拼接或者重叠组成多边形，只要是同一输入层，它们重叠即认为是相连的，图 4-37（a）就是用同一输入层画了多个矩形并组成一个多边形，可以用合并命令将其合并成图 4-37（b），具体操作如下：首先用鼠标左键将需要合并的图形全部选中，单击菜单 Edit→Basic→Merge 或者快捷键 Shift+m，即可将同一层次的重叠图形合并。

c. 有时要把多边形的某一边画成圆弧，方法是：用命令 Create→Shape→Polygon。

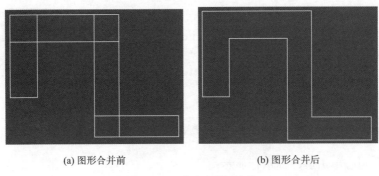

(a) 图形合并前　　　　　　　　　　　(b) 图形合并后

图4-37　多个多边形合并

该命令没有标准对话框，双击鼠标中键或按F3键，出现"Create Polygon"对话框，如图4-38所示。在选项框中单击Create Arc按钮，然后在版图上单击表示起点、终点及弧上的某一点就可画出圆弧，如图4-39所示。

图4-38　Create Polygon对话框

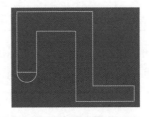
图4-39　在多边形上添加圆弧

③ 等宽线（Path）。等宽线是具有一定宽度的直线或折线。等宽线用它的宽度及其中心线的起点、各个拐点和终点的坐标表示。

画等宽线的命令是Create→Shape→Path，双击鼠标中键或按F3键，出现"Create Path"对话框，如图4-40所示。

a. 对话框中选项说明：

Width——设置等宽线的宽度。

Fixed Width——当此选项打开时，使用在Width文本输入区规定宽度；而关闭时，等宽线的宽度保持上次的设置，直到点击"Defaults"按钮。Defaults设置使用技术文件中为当前层定义的等宽线宽度。

End Type——控制建立Path的终点类型。

b. 绘制等宽线的方法如下：

・在LSW中选择输入层。

・选择命令Create→Shape→Path。

・在目标图形中点击输入第一点。

・移动光标到下一点并单击。

・连续移动光标并在转折处单击。

・在终点双击鼠标左键或按回车键，完成等宽线的绘制。

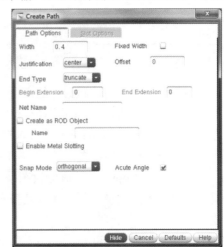
图4-40　Create Path对话框

绘制等宽线的例子如图4-41所示。

④ 圆锥曲线。下面介绍圆锥曲线中圆（Circle）、椭圆（Ellipse）和圆环（Donut）的画法。

a. 圆（Circle）：

Create→Shape→Circle，选择画圆命令后，提示行显示：

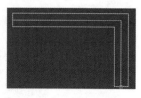

图4-41　绘制等宽线

> Point at the center of the Circle：（确定圆心）

鼠标左键在圆心单击后，提示行显示：

> Point at the edge of the Circle：（确定圆周上的一点）

在圆周上某点单击就可以画出一个圆。

b. 椭圆（Ellipse）：

Create→Shape→Ellipse，选择画椭圆命令后，提示行显示：

> Point at the first corner of the bounding box of the ellipse：（椭圆边框第一角的顶点）

边框第一角顶点不在椭圆上，用鼠标左键单击第一点后，椭圆在这一点附近出现并随光标移动而变大或变小，然后提示行显示：

> Point at the opposite corner of the bounding box of the ellipse：（椭圆边框对角顶点）

鼠标左键单击第二点后椭圆画成。

c. 圆环（Donut）：

Create→Shape→Donut，选择画圆环命令后，提示行显示：

> Point at the center of the donut：（确定圆环的圆心）

用鼠标左键单击圆心，提示行显示：

> Point at the inner edge of the donut：（圆环内圆周上的点）

用鼠标左键单击内圆周上的点后，提示行显示：

> Point at the outer edge of the donut：（圆环外圆周上的点）

用鼠标左键单击外圆周上的点后，完成圆环的绘制。

⑤ 消除错误的点。在画图形时，如果鼠标在不该点击的地方点击，就会出现画错的点。通过按键盘上的Backspace键，可以把这个错误的点消除。如果多次按Backspace键，能够返回到任意个点之前的位置。

⑥ 复制（Copy）。复制是版图编辑窗口中一个重要的命令，利用复制功能，可以把版图中原有的单元大量复制，尤其是在重复单元的数目很大时，可以节约大量人工，提高工作效率。

复制的命令是Edit→Copy（c），或者选取Copy图标。Copy命令没有标准对话框，它的选项对话框如图4-42所示，包含以下几个选项：

图4-42 复制对话框选项

Snap Mode——包含 orthogonal（正交）、anyAngle（任意角）、diagonal（对角）、horizontal（水平）和 vertical（垂直）5个下拉菜单，表示复制时目标图形移动的方式。

Array——可以把原图复制到目标图形中排列成一个阵列。阵列的行数和列数在 Rows 和 Columns 的文本区进行设置。这种复制方式非常适合接触孔（Contact）的绘制。

Rotate——复制的目标图形旋转一个角度，一般是逆时针转90°。

Sideways——目标图形和原件图形关于 Y 轴对称（左右对称）。

Upside Down——目标图形和原件图形关于 X 轴对称（上下对称）。

发出复制命令后，首先要选中复制的原图，被选中的原件图形的边框呈白色。用鼠标左键在原图上单击一次，一个目标图形就跟随光标移动，到了预定的位置再单击左键就把复制的图形放好了，可以在不同位置连续复制多个图形。

图4-43所示分别为利用 Sideways、Upside Down 复制的图形。

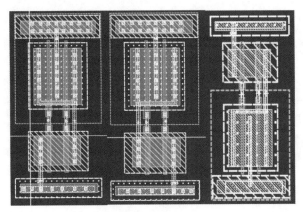

图4-43 复制版图左右、上下镜像

⑦ 切割命令。Edit→Basic→Chop，或快捷键 Shift+c。对于一个大的多边形，有时需要在编辑过程中把它分割开来，可以使用切割命令来完成。方法是先选中被切割的多边形，移动光标在切割处画一条线或者画一个很窄的矩形，画线（或者矩形）处就成为多边形的切口。

4.3.3 版图的编辑

4.3.3.1 设置层的可视性

可视性是指LSW中包含的各层图形能否在屏幕上显示出来，显示的图形才可视，在版图编辑区才能看见。有下面几种显示方式。

■ （1）只显示一层

有的时候我们仅仅针对某一层次进行操作，但是由于版图的各层是叠加在一起的，所以为了便于迅速并准确地针对该层进行操作，可以仅仅显示需要操作的层次。可以用以下方法实现：把要显示的层设置为输入层，点击LSW上的NV按钮即可。针对该层次的操作完成后，再点击LSW上的AV按钮即可将其他层次显示出来。

■ （2）增加显示层

用鼠标左键单击LSW中要增加的显示层，屏幕上就会增加这一层的显示，连续用这个方法就可以不断增加显示层。

■ （3）显示图形所有的层

点击LSW的AV按钮。

■ （4）减少显示层

在已经显示的图形中，如果需要减少某一层，即让这一层从显示变为不显示，用鼠标中键单击LSW中该层的符号即可。需要注意的是，被减少的显示层不能为输入层。连续用这个方法就可以不断减少显示层。

4.3.3.2 测量距离或长度

绘制版图需要精确测量一些尺寸，例如MOS管的长和宽，可以用以下两种方法测量。

■ （1）用直尺测量

选择直尺的命令是Tools→Create Ruler（k）。建立直尺的对话框如图4-44所示（通过按F3调出）。测量距离或长度时，在起点单击鼠标左键，起点的测量数据显示为0；随着光标的移动，显示的直尺测量数据也会移动并逐渐增大；在测量终点单击鼠标左键，测量数据就停留在直尺末端上方。需要注意的是，直尺测量的数据单位即为微米，直接读数即可。

选择命令Tools→Clear All Rulers（Shift+k），将清除屏幕上显示的全部测量数据。也可以选中要删除的直尺，按Delete键将其删除。

显示的直尺读数不属于Cellview的组成部分，不会存盘，仅供观察和测量使用。

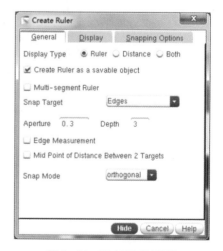

图4-44 建立直尺对话框

■ （2）状态栏显示坐标及距离

状态栏位于版图窗口的第4行。X和Y显示的数据表示当前光标的坐标；Dist（距离）表示输入的上一点与光标位置之间的距离；dx和dy分别表示X和Y方向的增量，是输入的上一点和光标位置坐标之差。

使用状态栏显示的坐标，可以测量输入点之间的距离。一般建议使用直尺直接测量。

4.3.3.3 图形显示

将图形放大，可以对其观察得更仔细、清楚；缩小图形，在屏幕上可以显示更多的图形，也利于观察版图的整体布局情况。

■ （1）显示一个单元版图全貌

要观察正在设计的Cell版图的全貌，把它最大限度地完整显示在屏幕上，可以选择命令View→Zoom To Fit All（f）。无论图形大小，无论是否只显示了图形的某个局部，命令执行后都会把当前Cell的版图全屏幕显示。

■ （2）返回前面的图形

选View→Save/Restore→Previous View（w），显示的图形又恢复到执行Zoom To Fit All之前的状态和大小。

如果再执行一次这条命令，将重新显示执行Zoom To Fit All后的图形大小。

■ （3）图形的放大和缩小

可以用以下命令实现图形的放大和缩小：

· View→Zoom In（Ctrl+z）。放大屏幕上显示的图形。
· View→Zoom Out（Shift+z）。缩小屏幕上显示的图形。
· View→Zoom To Area（z）。先选择这条命令，然后点击鼠标左键并拖动鼠标画个矩形框，把要放大的那部分图形包围，放开鼠标左键，被框包围的图形就会被放大。

■ （4）用鼠标实现图形放大和缩小

代替View→Zoom命令，用鼠标快速实现图形的放大和缩小。方法是：按住鼠标右键并拖动画一个矩形框，放开右键，被框包围的图形就会被放大。

如果要把正在显示的图形缩小，按住键盘的Shift键不放，同时按鼠标右键并拖动鼠标在屏幕上任何区域画一个任意大小的矩形，正在显示的图形就缩小到与这个矩形同样大小。

也可以用鼠标中键的滑轮快速实现图形的放大和缩小，滑轮向前滑动是放大，向后滑动是缩小。

■ （5）使用键盘的光标移动键

使用键盘的光标移动键"←""↑""→""↓"可以把图形的不同部分显示在屏幕上，一般是把需要编辑的区域显示出来。

4.3.3.4 选择目标

在LSW上有NS和AS两个选择按钮，即不可选和可选。在可以选择的时候，又有两种选择方式：全选（Full）和部分选择（Partial）。全选方式只选择整个目标，而部分选择方式可以选目标的边和角，如果把光标放到目标图形中，也能选择整个目标。

选择方式显示在版图窗口的状态栏中：

Full方式：　　　　　　　　　　　（F）Select：0

Partial方式：　　　　　　　　　　（P）Select：0

按F4键可以在上述两种选择方式中切换。

■ （1）图形可选的选择方法

在图形可选（即选LSW中的AS）的前提下，有以下几种选择方法。
① 用鼠标选择目标：

· 移动光标到某个目标图形上，图形的边框轮廓变为动态高亮度虚线。
· 用鼠标左键单击目标，目标图形的边框轮廓变为明亮的白线，即已经高亮了。
· 如果要消除选择，可以按快捷键Ctrl+d，或者用鼠标左键在图形外的空白区域单击一次，图形去除选择，它的白色高亮边框线消失。
· 用鼠标选择一个目标后，如果再选择第二个目标，第一个目标就不再保持选中状态。为了增加选择的目标，即原来选中的目标仍然保持选中状态，可以按住Shift键不放，用鼠标左键单击新的目标图形，就可以连续选中多个目标。
· 要从已经选择的多个目标中减少目标，可以按住Ctrl键，并用鼠标左键在要减去的目标图形上单击一下。

② 使用选择框选择目标。如果要选择的目标较多，且集中在一起，可以画一个选择框进行选择。方法是用鼠标左键画一个矩形框将目标包围，选择框内的目标全部高亮，表示已选中。但需要注意的是，如果选择框只框住某个目标图形的一部分而非全部，这个目标就不能被全部选择，只能选择它被选择框包围的边和角。只有被框全部包围的目标图形才能被全选择。

③ 被选择的目标数显示在状态栏"（F）Select："冒号之后。一个被完整选择的目标图形算一个目标，被部分选择了边和角的目标图形也算一个目标。但如果扩大选择范围，用选择框框住被部分选择时没有包围的边和角，选择数也不会再增加。

■ （2）使用部分选择

当版图状态栏的选择变为部分选择"（P）Select：0"时，以鼠标左键单击目标图形的位置，可以选择这个目标的边、角和整个图形。如果使用选择框进行选择，对没有被框完全包围的目标图形，也只能选择它的边和角。

■ （3）使用LSW设置层的可选性

如果点击LSW上的NS，则所有层都不可选，这时LSW上每个层符号都变灰暗。
① 将某一层变为可选。用鼠标右键单击这层符号，这一层就变为可选。

② 增加可选层。在 LSW 中用鼠标右键单击某个层符号，这一层就增加到可选层中，重复此操作就能增加可选的层数。

③ 点击 LSW 的 AS 按钮，则所有层都可选。

④ 在选择了 NS 的情况下，虽然所有的层都不可选，但在屏幕上属于调用的 Instance 仍可选。

4.3.3.5 改变图形的层次

有的时候可能会出现误选了输入层等情况，需要改变某个图形的层次，例如把 poly 层画的矩形改变为 nwell 层，有以下 3 种方法：

① 将 poly 层的图形删除，用 nwell 层重新画一个相同的图形，这种方法一般不建议使用。

② 利用复制实现图形层次的改变，此方法在前面已经做了介绍。

③ 利用属性改变图形所属的层，方法是：

a. 选中这个图形，该图形全部高亮；

b. 按键盘的"q"（属性的快捷键），则出现如图 4-45 所示的属性对话框。对话框内 Layer 项的文本区显示这个图形所属层的符号，点击符号右边的按钮，会下拉出 LSW 中所包含的所有层的符号。选择图形要改变为新层的符号，这个新层符号就出现在 Layer 的文本区，单击 OK 按钮，对话框消失，图形所属的层次就改变成功了。

4.3.3.6 加标记

为便于阅读和区别版图图形，可用文本层在版图的几何图形上加标记作为文本信息，所加的标记应尽量与电路图的标记一致。方法是在选取文本层后，用命令 Create → Label...（l），出现"Create Label"对话框，如图 4-46 所示。

在 Label 的文本区输入要标记的内容；在 Height 文本区输入字体的高度；在 Font 的文本区内，可以通过其右边的下拉菜单选择 stick、math、roman 等多种字体，它们的形状如图 4-47 所示。移动光标到需要加标记的位置并单击鼠标左键，就可以把标记加到图形上。

和画电路图时加线名一样，为了产生信号非的标记，例如信号 A，并且希望把横线"—"写到字符 A 的上面，可以在图 4-48 中 Label 的文本区输

图 4-45　图形属性对话框

图 4-46　Create Label 对话框

图 4-47　各种字体

图 4-48　用 Overbar 选项输入文本

入"_A",并且在Label Options中勾选Overbar,点击对话框的Hide按钮,横线就加到A上面了。

本章小结

国际上具有代表性的EDA供应商有Cadence、Synopsys、Mentor,中国具有代表性的是华大九天。使用华大九天的Aether可以进行电路图的绘制和版图的绘制。在Aether系统中,电路图和版图文件的管理按照库(Library)、单元(Cell)和视图类型(View)的体系进行。设计规则列出了元件(导体、有源区、电阻器等)的最小宽度、相邻部件之间所允许的最小间距、必要的重叠以及与给定的工艺相配合的其他尺寸。设计规则,一方面可使版图设计紧凑,另一方面,从工艺角度提高成品率。

习题

1. 请列举出4个重要的EDA厂商。
2. 解释什么是设计规则。
3. 解释什么是关键尺寸。
4. 版图设计规则通常都包括哪些内容?至少列出4个。
5. 简述在版图设计中技术库与设计库的关系。
6. 简述在版图设计中常用的各个图层的作用。
7. 使用Aether软件建立CMOS二输入与非门的电路图。
8. 使用Aether软件对CMOS二输入与非门进行仿真。

第 5 章 MOS 管版图设计

▶▶ 思维导图

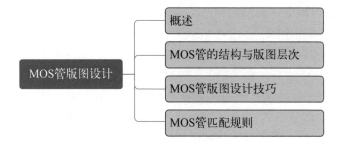

5.1 概述

现代 CMOS 工艺包括几十步工艺，至少要经过光刻和刻蚀十几次，每次光刻使用的掩模几何图形定义为版图的一层，整个工序包括的版图图形共有十几层，每一层版图的几何图形分别制成一块掩模版。

掩模版的几何图形是从哪里来的？各层几何图形的大小和形状又是如何定义的？这些问题就是本章所要讨论的集成电路版图设计的主要内容。集成电路版图设计是根据电子电路性能的要求和制造工艺的水平，按照一定的规则将电路图设计成为光刻掩模版。版图是一组相互套合的图形，各层版图对应于不同的工艺步骤，每一层版图用不同的图形来表示。这些图形的大小和形状是不同的，在同一层图形中，对于图形的大小和图形的间距有严格的要求；在不同的图形层之间，对于图形的相对位置及对准也有严格要求，这些要求由一种被称为版图设计规则的文件进行规定。因此，集成电路的版图设计规则也是本章要讲述的重要内容之一。

通过集成电路版图设计，按照版图设计的图形加工成光刻掩模版，可以将立体的电路系统转变为平面图形，再经过工艺制造还原成硅片上的立体结构。因此，版图设计是一个上承电路系统，下接集成电路芯片制造的中间桥梁，其重要性可见一斑。

5.2 MOS管的结构与版图层次

■ （1）MOS管的结构

MOSFET是金属-氧化物-半导体场效应晶体管的英文缩写，简称为MOS管。MOS管包含源（S）、栅（G）、漏（D）和衬底（B）四个电极。根据源漏区的导电类型，MOS管分为PMOS和NMOS，即：PMOS管的源漏区为P型，NMOS管的源漏区为N型。MOS管源、漏在结构上相互对称，可互换。用来制作MOS管的半导体材料称为衬底，衬底的导电类型和源/漏区是相反的，即PMOS管制作在N型衬底上，NMOS管制作在P型衬底上。

MOS管的源和漏是两个分开但相距很近的重掺杂区，将源和漏隔开的区域称为沟道区，它是MOS管的主要工作区域。在沟道区表面生长了很薄的二氧化硅绝缘层，称为栅氧化层，栅氧化层上再淀积重掺杂的多晶硅作为栅极。当栅极加电压使沟道区建立了导电层后，如果源漏两端有电压存在，就会在源漏之间产生电流，这时MOS管像开关一样导通。

NMOS管的结构如图5-1所示。NMOS管制作在P型衬底上，两个重掺杂的N+区构成源区和漏区，多晶硅为栅区，栅氧化层位于栅极和衬底之间，源区和漏区之间的距离为栅极的长度L，与长度方向垂直的源、漏区矩形的宽度W称为栅极的宽度，包含源区、漏区和沟道区的区域称为有源区。有源区之外的区域称为场区。一个集成电路的表面，要么属于有源区，要么属于场区。有源区和场区两个部分之和就是整个芯片表面。栅和有源区的重叠区确定了器件的尺寸（L、W），重叠区之外的区域（场区）对器件的尺寸没有影响。

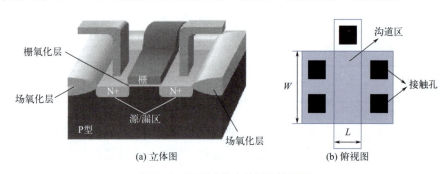

图5-1　NMOS的立体图和俯视图

■ （2）MOS管的版图层次

① 阱区。CMOS集成电路是把PMOS管和NMOS管制作在同一块硅片上形成的，一块原始的半导体衬底，掺入的杂质只有一种类型：P型或者N型。为了在同一块硅片上制作两种器件，需要在原始衬底上形成一个区域，它的导电类型与原始衬底相反，这个区域称为阱。现在的CMOS集成电路已经有了N阱工艺、P阱工艺和双阱工艺。以N阱CMOS集成电路为例，使用P型衬底，把NMOS管直接制作在P型衬底上，而PMOS管就做在N阱内。

② N+/P+注入。在硅片上PMOS管和NMOS管的形状相同，区别在于：两种MOS管有

源区的导电类型不同,这是由掺杂时注入的杂质类型决定的。对于NMOS管,它的两个重掺杂N+源区和漏区是对有源区进行N+杂质注入形成的;而对于PMOS管,作为源和漏的两个P+区也是对有源区进行P+杂质注入后形成的。PMOS管做在N阱内,除了有源区、多晶硅和杂质注入层,它还多了一层阱的图形;NMOS管则直接制作在P型衬底上,它只包含有源区、多晶硅和杂质注入层。

既然在硅片上PMOS管和NMOS管的形状相同,为了把有源区导电类型不同这一点表示出来,就有必要把掺杂注入的杂质类型加入到结构表示中。因此,在PMOS管有源区图形外增加一个P+注入图形,在NMOS管有源区的图形外增加一个N+注入图形,如图5-2所示,这样NMOS管和PMOS管就很明显地区别开了。有源区图形层在加工工艺中的作用是在半导体表面开窗口,将窗口内很厚的场氧化层去除,让半导体表面暴露出来,以便进行杂质注入。至于在窗口内注入何种杂质,则由N+注入层或P+注入层决定,由注入的杂质类型决定生成哪一种导电类型的MOS管。

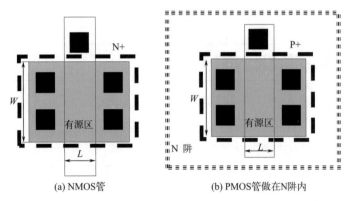

图5-2　NMOS管和PMOS管版图示意图

③ 接触孔。MOS管的源、栅、漏和衬底是要与电源以及其他器件进行连接的,无论场区还是有源区的表面都有二氧化硅层的存在,多晶硅表面也被二氧化硅层保护着。二氧化硅是电绝缘的,为了能与金属导线进行连接,需要在半导体或多晶硅表面的连接区域把二氧化硅层去掉,打开一个窗口,形成称为接触孔的连接区域,于是又增加了接触孔这一层次。

④ 金属与通孔。开了接触孔的MOS管相当于形成了可以用来连接的电极,可以采用金属或其他材料进行连接,需保证与电路连接一致,如果需要连接的节点和器件很多,用一层金属不能满足要求,还可以用几层金属导线进行连接。这样在MOS管构成的集成电路中又增加了一至数层金属图形。在各个金属层之间的连接则采用通孔实现,因此通孔也成为一个版图层次。需要注意的是,只有相邻的两层金属之间可以用通孔连接,且每两层金属间的通孔层次是不同的,例如第一层金属和第二层金属之间用VIA1通孔连接,而第二层金属和第三层金属之间用VIA2通孔连接。

⑤ 衬底。无论PMOS管还是NMOS管,它们的衬底都必须接合适的电位,确保源漏区和衬底构成的PN结处于反向偏置,MOS管才能正常工作。这是因为,必须把PMOS管的源及其N型衬底(N阱)接到电源的最高电位,一般为VDD;把NMOS管的衬底及其P型衬底接到电源的最低电位,一般为GND。由于衬底是低掺杂的,为了形成衬底和金属的欧姆接触,在衬底的连接区域要进行重掺杂,而且重掺杂的类型和衬底的导电类型相同,这一点有时很容易搞错。图5-3是PMOS管和NMOS管版图示意图。

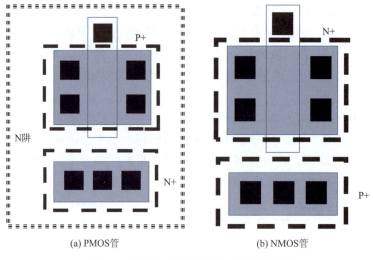

(a) PMOS管　　　　　　　　(b) NMOS管

图 5-3　PMOS管和NMOS管版图示意图

5.3　MOS管版图设计技巧

5.3.1　源漏区共用

上一节介绍了单个MOS管的结构和版图实现方法，实际电路大多是由很多MOS管串联、并联和串并联组成的，下面介绍MOS管各种连接的版图画法。为了缩小版图的面积，在这里使用源漏共用技术。

- （1）MOS管串联

首先讨论两个MOS管串联。从图5-4（a）可以看出，左侧MOS管的源、漏区为X和Y，右侧MOS管的源、漏区为Y和Z。两个MOS管串联，Y是它们的公共区域，因为芯片的面积直接关系到成本，芯片面积越小，成本越低，所以应节省尽可能多的空间。一般而言，应该尽可能地使版图紧凑，从而在一个晶圆上得到更多的晶体管。图5-4（b）所示左侧版图结构的两个晶体管的连接本身是完全合乎规定的，因为最小设计规则迫使各晶体管分开，不同的端点之间必须间隔一个最小的距离，但这种连接方式浪费了大量的空间。比较好的办法是把公共区域合并在一起，将相邻晶体管原先独立的源漏区合并，这个合并的区域既可以是一个晶体管的源，同时也可以是另一个晶体管的漏，这就是源漏共用技术，得到如图5-4（b）右侧所示的版图图形，这就是两个MOS管串联的版图。一般当MOS管串联时，它们的电极

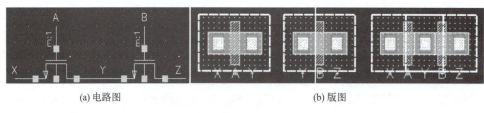

(a) 电路图　　　　　　　　　　　　　　(b) 版图

图 5-4　两个NMOS管串联的电路图和版图

是按S-D-S-D方式进行连接的。

■ （2）MOS管并联

MOS管并联是指把它们的源和源连接，漏和漏连接，各自的栅还是独立的。两个MOS管并联连接的电路图和版图如图5-5所示。

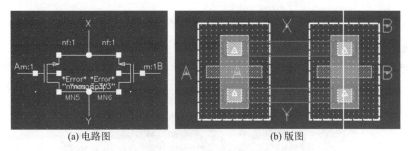

图5-5　两个NMOS管并联的电路图和版图

如果栅极采用竖直方向排列，可以画出MOS管并联的另一种版图结构，如图5-6所示。

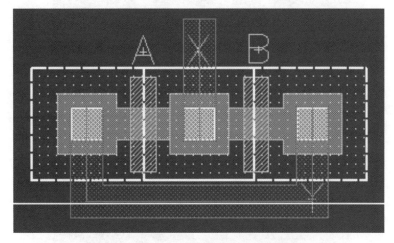

图5-6　NMOS管并联的另一种版图结构

对于3个或3个以上MOS管的并联，可以全部用金属进行源和漏的连接。如图5-7所示为4个MOS管并联的画法，图中源区和漏区的并联全部用金属连接。这种源和漏金属连线的形状很像交叉放置的手指，因此这种并联版图常称为叉指形结构。

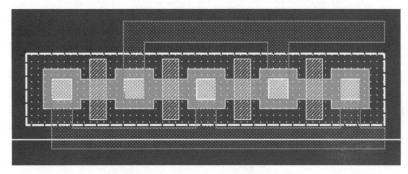

图5-7　4个MOS管并联的版图结构

5.3.2 特殊尺寸MOS管

假设电路如图5-8所示,为一个简单的差分放大器,电路中有两个输入端、两个输出端、正负电源以及电路正常工作所需的偏置电压。图中有3个MOS晶体管和2个电阻,通常情况下电路会包含NMOS管和PMOS管,但在此电路中只画出NMOS管举例。假设M7和M8尺寸相同:200μm宽,1μm长。M9则是60μm宽。

正如前面提到的,版图工程师的首要任务是构造器件,按照前文所述,可以复制一个标准单元,只要人工拉伸调整到正确的尺寸即可。

下面重点讨论图中晶体管的设计。根据上一节介绍的方法绘制出版图示意图如图5-9所示,为了分析方便,图中只画出了Active和Gate层。

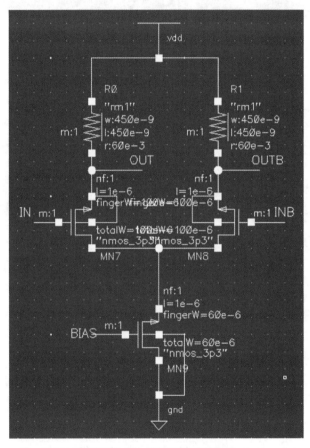

图5-8　一个简单的差分放大器

相对于1μm的长度,这个晶体管200μm的宽度太宽了。这种细长的晶体管存在什么问题呢?观察图5-10所示的FET截面图,在栅和有源区之间有一层极薄的二氧化硅绝缘层。

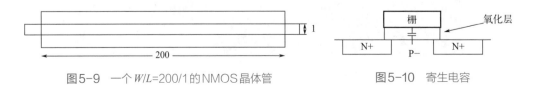

图5-9　一个W/L=200/1的NMOS晶体管　　　　图5-10　寄生电容

按照电路理论,两个靠得非常近的平行极板构成电容器,因此,每个CMOS晶体管的栅下有一个非常小的电容。在栅的两侧注入了N+杂质,栅的正下方是P-衬底,在栅极与P-衬底之间存在一个电容。就FET的工作而言,有氧化层绝缘是好的,也是必需的,但它引入的电容却不是我们需要的。

对于这种细长的晶体管,不仅存在电容,细长的栅还会引入一个一定大小的电阻。这些并不属于电路设计需要的电容和电阻被称为寄生元件。寄生电阻和寄生电容对于器件的版图是固有的,但可以设法减小它们的影响。

首先必须保证尺寸参数不变,即 $W/L=200/1$,但同时又必须减小寄生电容或电阻。晶体管栅的长度 L 决定了晶体管开关的速度,因此,栅的长度是不允许改变的,同时,也必须维持相同的有效栅宽。

寄生电容的大小完全取决于穿越有源区的栅面积,因为不能改变栅长和栅宽,所以无法改变寄生电容。但是,可以设法在不改变栅区大小的情况下减小寄生电阻。将这个细长的晶体管分裂成许多小的晶体管以减小寄生电阻。例如将这个200/1的晶体管做成四个50μm宽的晶体管,如图5-11所示,并把它们并联起来,这样还是具有同样的栅宽:$4 \times 50 = 200 (\mu m)$。

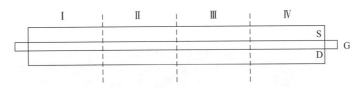

图5-11 分裂长的器件(在每段内,源、栅、漏保证完整)

如果连接正确,就可以认为四个独立的晶体管与单个整体晶体管等效,每个晶体管的相同端必须被连接在一起,这样,有效栅宽没有改变,但寄生电阻减小了。每个独立的晶体管的栅宽只有原先晶体管的四分之一,这意味着每个栅的寄生电阻也只有原先晶体管的四分之一,如图5-12所示。

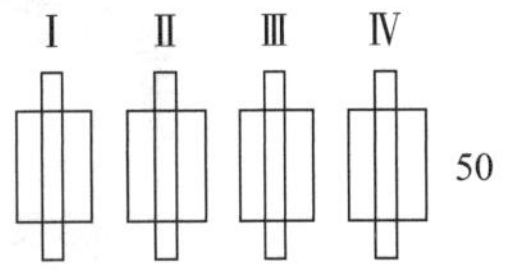

此外,因为四个栅并联,按照基本电阻方程,四个相等的电阻并联的结果等于原先电阻的四分之一。这样的分裂所产生的总效果是寄生电阻只有原先细长电阻的十六分之一。

图5-12 将一个细长的晶体管分裂为四个较小的晶体管以减小寄生电阻

分裂成多少个晶体管取决于器件的尺寸以及电路中其他器件的尺寸,可以将晶体管分裂为更多的小段,分裂后的栅宽也可以不是整数。

在将器件分裂成四个较小的器件后,对每个独立的晶体管采用A、B、C表示源、漏、栅,如图5-13所示。

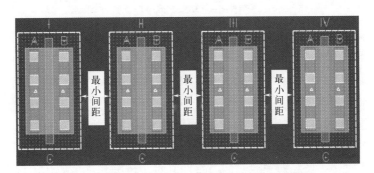

图5-13 四个晶体管边到边以最小的距离间隔放置

需要将所有的A点连接在一起，所有B点连接在一起，所有C点连接在一起，构成一个完整的器件，连接结构如图5-14所示。

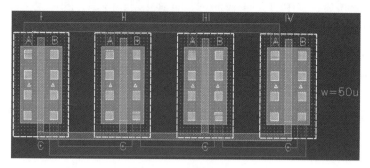

图5-14　四个晶体管并联

图5-14中对四个晶体管的连接本身是完全合乎规定的，但是最小间隔规则使得各晶体管分开，不同的端点之间必须间隔一个最小的距离，但这种连接方式浪费了大量的空间。可以利用源和漏可互换的原理，将器件左右翻转，将第二个和第四个晶体管进行左右翻转，如图5-15所示。这时，四个晶体管的源漏以A-B-B-A-A-B-B-A方式排列，如图5-16所示。

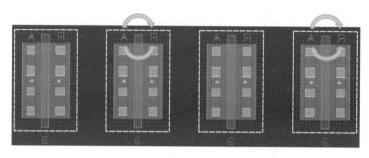

图5-15　将两个晶体管翻转

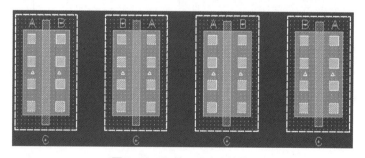

图5-16　翻转了两个晶体管

现在，两个B点是彼此相对的，两个A点也是彼此相对的，器件连接更容易了，并且可以使两个晶体管之间更加靠近。可以进一步缩小版图面积，将相邻晶体管原先独立的源漏区合并，即采用源-漏区共用技术，这样不仅消除了晶体管之间的空间，而且，通过合并器件的相关部分使空间更节省。只要是相同的端点，任何两个相邻的晶体管都可以采用源-漏共用技术。采用源-漏区共用技术后的版图结构如图5-17所示。

将所有的A、B端合并到一起。图5-18所示结构是采用叉指形结构进行连线，所有的A端通过金属连在一起，这里，金属条向下延伸到每个接触孔，然后在图形顶部相连。两个B

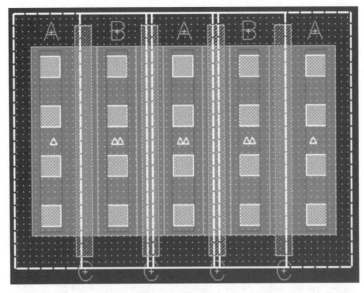

图5-17 彼此相邻的相同端点全部被合并共用

端也采用相同的技术连接，栅连接稍有不同，多晶硅能够在一些特殊场合作为连线使用，如多晶硅条。可以将晶体管的栅延伸出器件有源区，然后用多晶硅进行连接。

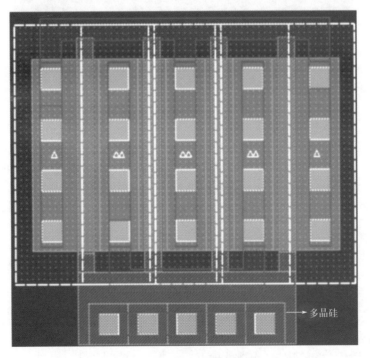

图5-18 所有源、漏、栅相连

因为多晶硅的电阻远大于金属，在稍长的距离上，寄生电阻就会比较明显地影响电路性能，建议仅仅对非常短的距离采用多晶硅连线。如果连线在传输电流并有很大的电阻，则有可能因为这个电阻而导致电路功能障碍。要综合考察距离、电流和电阻，谨慎地使用多晶硅连线。

如果希望节省更多的面积，可以舍弃一些接触孔并将连线直接跨越器件。

如图5-19所示，原先突出的金属收缩到器件内部，并不一定需要沿着整个沟道宽度方向都开出接触孔。开这么多接触孔的基本想法是减小器件的接触电阻，实际上也许少量的接触孔就足够了。但同时也要注意，如果舍弃太多的接触孔，接触电阻就可能会高于允许值。

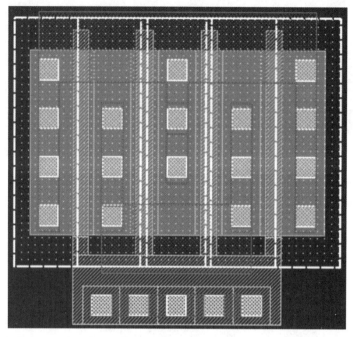

图5-19 金属向内收缩

5.3.3 衬底连接与阱连接

本节将讨论阱连接和衬底连接问题。

首先看一个器件的剖面图，如图5-20所示。

图5-20中有一个位于P型衬底上的N阱，这个N阱和P衬底形成了一个PN结。如果N阱上的电压下降，P衬底上电压上升，就有可能使二极管正偏。所以必须确保这个二极管不正偏，使其反偏。

最简单的方法是将N阱接最高电位，P衬底接最低电位，这种连接称为阱连接和衬底连接。如图5-21所示是一个PMOS器件，在器件的两边各有一个阱连接区（阱接触区），阱连接区是N阱内部的N+掺杂区，N+掺杂降低了接触电阻。设置的阱连接越好，发生二极管正偏的可能性越小。

实际在进行版图设计时应尽可能多地设置阱连接区。在N阱中只要有空间就放上阱连接区；同样地，在衬底上只要有空间就应该设计衬底连接区。所有这些都是为了阻止阱和衬底之间的寄生二极管出现正向导通的情况。

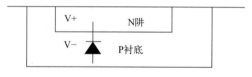

图5-20 阱和衬底PN结

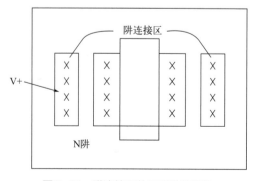

图5-21 阱连接区位于器件的两边

下面讨论阱连接的一些布局形式。

在细长阱的情况下，阱连接可能只能位于细长阱的边界处，如图5-22所示。

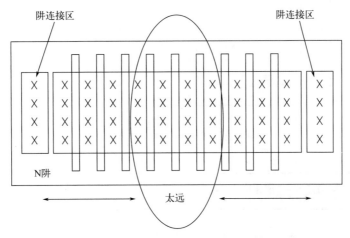

图5-22 某些晶体管距离阱连接区太远，在中心部位的PN结是危险的

在阱中心的晶体管距离阱连接区太远了，如果出现这样的情况，就必须分割器件并且在中心处插入一个阱连接区，如图5-23所示。但是，N阱掺杂区是有电阻的，该电阻将产生压降并有可能导致二极管导通，并且由于设计规则的存在，这样做会增大版图面积。

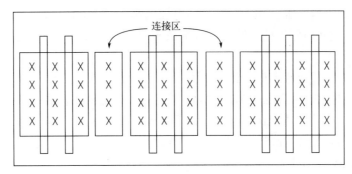

图5-23 在中间设置连接区

可以在器件顶部放上阱连接区，如图5-24所示；也可以采用围绕阱的环状阱连接结构，如图5-25所示。但是使用环状阱连接结构时需要考虑好布线问题。上述方法同样适用于衬底连接。

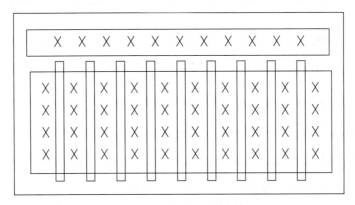

图5-24 沿着顶部设置连接区

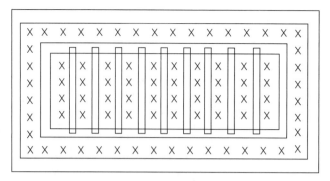

图5-25 环器件四周设置连接区

5.4 MOS管匹配规则

匹配即对称,它是模拟集成电路版图设计中重要的技巧之一。对称包括器件对称、布局布线对称等。若两个器件周围的环境是一致的,就可以说它们是匹配的或对称的。模拟电路中有很多地方需要器件有很好的对称性,例如,差分电路就是一种需要高度匹配的电路。因此,模拟电路中的器件及其周围环境都必须进行对称性设计。

匹配分为低度匹配、中等匹配和精确匹配三种。

① 低度匹配。失调电压±1mV,或者集电极电流失配±4%。适用于构造运算放大器和比较器的输入极,这些电路未校正的失调必须在±(3～5)mV之间。还适用于偏置非关键电路的电流镜中。

② 中等匹配。失调电压±0.25mV,或者集电极电流失配±1%。适用于±1%的带隙基准源,以及未校正失配必须在±(1～2)mV的运算放大器和比较器。

③ 精确匹配。失调电压±0.1mV,或者集电极电流失配±0.5%。这种精确匹配电路通常需要校正或者加入精确匹配的简并电阻。

通常采用的匹配规则如下。

■ (1)匹配器件相互靠近放置

有时,匹配的器件会被放在两个相距较远的距离上,因为在画版图时器件会被不断地放进去。有时会有大块的电路挡在中间,所以这时会把一个晶体管放到很远的地方。这是不可以的,相匹配的晶体管要放在一起。

失配随着间距的增加而增加。器件结构要尽可能紧凑。对于双极型晶体管来说,共用基区和集电区可能会引起轻微的失配,但是紧凑性增加所带来的好处足以补偿此缺陷。相同尺寸的匹配器件应该采用交叉耦合版图。

如果把要求匹配的器件相互靠近放置,则衬底材料的均匀性、掩模版的质量以及芯片加工对它们的影响都可以认为是相同的。

■ (2)匹配器件采用相同的版图结构

无论器件需要实现什么样的匹配程度,都尽量使用相同的形状和同样的材料。电阻需要有同样的宽度,双极型晶体管需要使用同样形状的发射极,而且匹配晶体管的数量都被限制为较小的整数比。接触孔的形状也应同发射区形状匹配。圆形发射区需要圆形接触孔，方形发射区需要方形接触孔，而且发射区接触应该尽可能多地填满发射区。基区和集电区形状的影响远小于发射区，因此多个发射区可以共用一个基区。发射区应该相互远离以避免相互影响。如果多个发射区共占一个基区，那么它们之间的距离就应该足够远以避免其耗尽区相交。一般情况下，会在设计规则中规定发射区与发射区之间的最小距离。

- （3）匹配器件保持相同方向

差分对管的不对称性会产生输入参考失调电压，因而限制了可检测的最小信号电平，如图5-26所示。

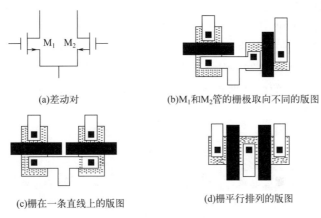

图5-26 匹配器件需要保持相同方向

如果这两个MOS管按照图5-26（b）所示沿不同方向放置，由于在光刻及晶圆加工的许多步骤中沿不同轴向的特性大不一样，就会产生很大的失配。因而图5-26（c）和图5-26（d）的方案似乎更合理一些。这两者之间的选择是由一种称作"栅阴影"的细微效应决定的。如图5-27所示，进行源漏区离子注入时为了避免沟道效应，通常把注入方向（或晶圆方向）倾斜7°左右，由于多晶硅阻挡了一部分离子，在多晶硅某一侧的源区（或漏区）形成注入阴影，在阴影区域就会因注入离子较少，使源区或漏区边缘的注入浓度产生细微的不对称。

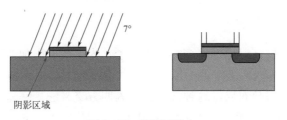

图5-27 栅阴影效应

现在，考虑存在栅阴影的图5-26（c）和图5-26（d）的结构。如图5-28所示，在图5-28（a）中，如果阴影区出现在源区（或者是漏区），那么这两个器件不会因阴影导致不对称。在图5-28（b）中，即使标出了这两个管子在阴影区的源（或漏）极，这两个MOS管也不一样，这是因为：M_1的源区右边是M_2管，而M_2的源区右边是场氧化层；同样，M_1和M_2左边结构也不一样。换句话说，M_1和M_2的周围环境不一致。因此，图5-28（a）所示结构更好些。

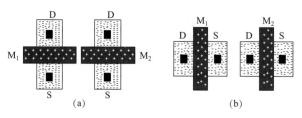

图5-28 两种不同方向放置的匹配器件结构

- （4）增加虚拟器件，提高对称性

图5-28（b）结构中所固有的不对称性可以通过在晶体管两边加两个"虚拟"MOS管的办法加以改进，如图5-29所示。这样做可以使M_1和M_2管周围的环境几乎相同。

需要注意在对称轴的两边保持相同环境的重要性，例如图5-29所示版图中，只有一个MOS管旁边有一条无关的金属线通过，这会降低对称性，增大M_1和M_2之间的失配。在这种情况下，可以在另一边也放置一条相同的金属线，当然最好是去掉引起不对称的那条线。另外需要强调的是，增加的虚拟器件本身不在电路设计中，所以只要它们符合设计规则即可，不要对它们进行连接。

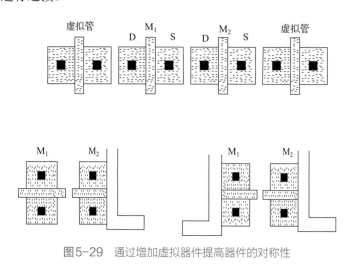

图5-29 通过增加虚拟器件提高器件的对称性

- （5）共中心（四方交叉法）

对于大的晶体管，提高对称性就变得更困难了。为了减小失配，可采用"共中心"的布局方法，把M_1和M_2都分成两个宽度为原来一半的晶体管，沿对角放置并且并联连接。由于把器件分成两半且相互对角布局，这种方法又称为四方交叉法。它适用于只有两个器件的情形，可以是任意的一对器件而不仅仅局限于MOS管。四方交叉法是将需要匹配的器件一分为二，交叉放置，尤其适用于两个MOS器件。成对角线放置的两半必须总是形成一个通过中心点的单个器件，一个或者四个器件不能进行四方交叉，如图5-30所示。

- （6）器件采用叉指布线方式

也可以通过交叉耦合的办法得到对称性，如图5-31所示，所有4个宽度为一半的晶体管一字排开，M_1和M_2可由相邻的两个晶体管与相距最远的两个晶体管分别相连构成［图5-31（b）］，也可由两组相间隔的晶体管分别相连构成［图5-31（c）］。

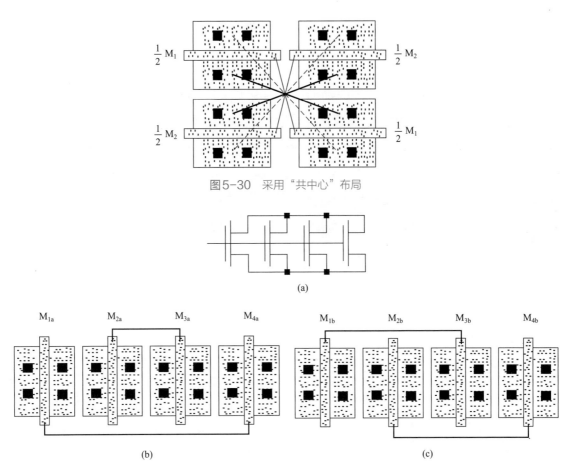

图5-30 采用"共中心"布局

图5-31 采用叉指布线方式

可以证明,采用图5-31(b)的结构比图(c)结构的误差要小,但由于周围环境不同,需要在M_{1a}的左边和M_{4a}的右边加虚拟晶体管,如图5-32所示。

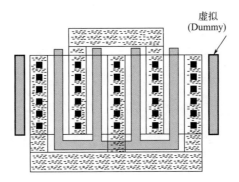

图5-32 增加虚拟晶体管的叉指布线方式

- **(7)匹配器件应远离功率器件**

低度匹配晶体管与主要功率器件(功耗≥250mW)的距离应该至少为250μm,并且不能与任何功耗超过50mV的功率器件相邻。

中度匹配器件应该距离任何功耗超过50mV的器件至少100~250μm,并且应该放置在远离功率器件的芯片的另一端。

精确匹配器件应该远离任何功率器件。将精确匹配器件尽量放置在芯片的主对称轴上,并且要将匹配器件沿同一方向摆放。

本章小结

MOS管的版图层次主要有阱区、N+和P+注入、有源区、接触孔、金属、通孔。MOS管的版图可采取源漏共用技术以缩小面积。对于高宽长比的MOS管可采取打折并联的方法。N阱一般接最高电位,P衬底接最低电位,确保N阱和P衬底形成的PN结反偏。MOS管匹配的方法主要有:①匹配器件相互靠近放置;②匹配器件采用相同的版图结构;③匹配器件保持相同方向;④增加虚拟器件;⑤远离功率器件,可采用四方交叉法和叉指布线分布增加匹配性。

习题

1. NMOS器件版图层次有哪些?
2. PMOS器件版图层次有哪些?
3. 对于宽长比很大的MOS管,打折后各个管子之间怎样连接?
4. 什么样的晶体管可以采用源漏区共用技术?
5. 版图布局中怎样设计阱连接和衬底连接?
6. 什么是栅阴影效应?
7. 晶体管匹配的基本原则有哪些?

第 6 章 电阻的版图设计

▶▶ 思维导图

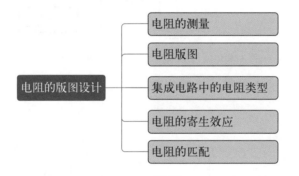

6.1 电阻的测量

6.1.1 宽度和长度

集成电路中包含了许多类型的材料,如多晶硅、氧化层,以及和 CMOS 晶体管有关的各种扩散层、金属层等。常用的电阻材料是多晶硅,即 poly。通常情况下,芯片上的所有材料都被制作成薄层的形式。

如图 6-1 所示,假设有一电流流过多晶硅薄层。如果薄层较厚,则会有较多的空间让电流流过,因此,较厚的多晶硅有较低的电阻值。

如果薄层非常薄,因为允许电流通过材料的空间较小,它传导电流的能力就较小,所以较薄的薄层具有较大的电阻值。其他因素,如材料的类型、长度、宽度等也将改变电阻值。

对于一个给定的集成电路工艺,可以认为薄层厚度是常数,它是不能改变的参数。因此,对一个给定的材料,进行设计时能够改变的只有宽度和长度。

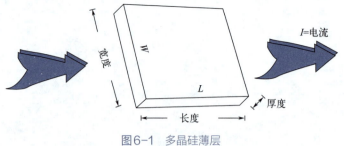

图6-1 多晶硅薄层

6.1.2 方块电阻（薄层电阻）

下面以多晶硅电阻为例。为便于说明，这里采用正方形电阻，即宽度和长度相等。如果在正方形多晶硅电阻的左右两边加以电压，就可以计算出它的电阻值。假设，已测量了这个正方形电阻材料的阻值为200Ω，如图6-2所示。

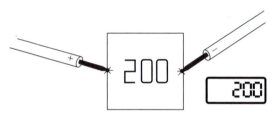

图6-2 测量一个正方形的电阻材料

现在，将两个这样的正方形直接连接到一起形成一个电阻，电阻的总值为400Ω，如图6-3所示。

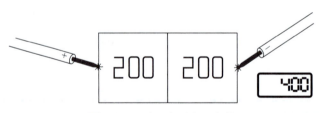

图6-3 两个正方形电阻串联

如果将四个这样的正方形电阻连接成如图6-4所示的图形，将它们排列成一个大的正方形，这个大正方形的电阻值仍是200Ω。以此类推，由小的正方形逐渐拼接成越来越大的正方形，但其总阻值始终是200Ω，而与正方形的尺寸无关。

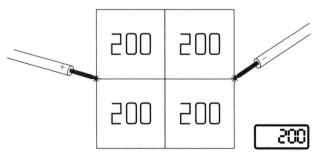

图6-4 四个正方形电阻连接

虽然面积已是原面积的四倍,但总电阻仍与原来正方形电阻相同,即200Ω,并且还是正方形电阻。因此通常以欧姆每方来度量电阻,例如200欧姆每方,记作200Ω/□。

对相同的工艺,同一材料的所有正方形电阻都具有相同值,只要计算方数即可。欧姆每方是集成电路中电阻的基本单位。欧姆每方数值也被称为材料的薄层电阻。

假设一个电阻有8方,200欧姆每方,则这个电阻是200×8(Ω)。计算方块数后乘上欧姆每方数值的方法是计算任何集成电路电阻的有效方法。

可以采用欧姆每方的概念去计算电阻的阻值而不必考虑电阻的尺寸,任何宽度和长度都可以转变为以方数表示。例如,假设一个材料是80×10大小(任何可能的单位),如图6-5所示。以电流流动的方向作为长度方向,除以宽度,即80/10=8(方),因此,方数可以用下式计算:

$$方数 = L/W \tag{6-1}$$

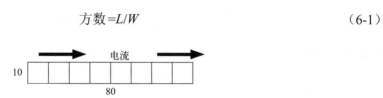

图6-5 可以根据任意矩形计算方数,即长除以宽

方数并不一定是整数,它可以含有小数,如4.82方。

通常情况下,每个制造工艺有一个设计手册,或工艺手册,或规则手册。在手册中,可以查到以欧姆每方表示的材料的电阻率,也称为薄层电阻率,符号是ρ。设计手册中对工艺中采用的每种材料都给出了薄层电阻率的数值。对于同一种材料层,不同制造商的数值会有不同,其中一个可能的原因是厚度不同。

6.2 电阻版图

在硅栅MOS电路中常用多晶硅作电阻。多晶硅电阻的制作方法与MOS工艺兼容。制作时,首先在衬底上淀积一层多晶硅,用离子注入向淀积的多晶硅层中进行掺杂,以控制其方块电阻,如图6-6所示(多晶硅层)。

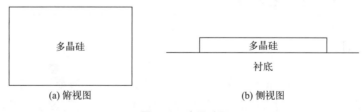

图6-6 多晶硅层

然后将淀积在场区上的多晶硅光刻成电阻条的形状。为使电流能够流入多晶硅,必须设置连接点,因此,需要在多晶硅层上覆盖一层氧化层,它的良好绝缘性能将对以后的材料层形成隔离,防止在不需要接触的地方与下面的多晶硅短接,如图6-7所示(覆盖在多晶硅层之上的氧化层)。

接下来是在氧化层上刻蚀出接触孔,这些孔准确地位于需要与多晶硅接触的地方。在刻

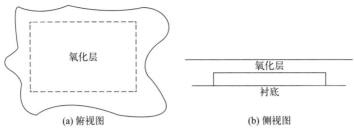

图6-7 覆盖在多晶硅层之上的氧化层

蚀了孔的位置淀积一些金属材料，金属填充了接触孔并与多晶硅接触。由图6-8（在氧化层上开孔的地方多晶硅被暴露）可以看出刻蚀的接触孔位于多晶硅的两头，在电路中，这两个接触孔一个位于较高的电位，一个位于较低的电位，在电压的作用下，在多晶硅条上形成电流，而在接触孔之外的地方，金属将不会与多晶硅接触。因此，实际接触点仅仅在那些被完全刻蚀了氧化层并填充了金属的地方，如图6-9所示。

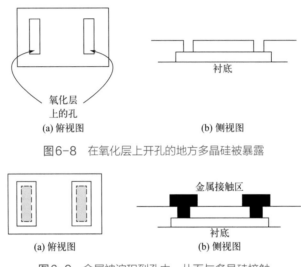

图6-8 在氧化层上开孔的地方多晶硅被暴露

图6-9 金属被淀积到孔中，从而与多晶硅接触

6.3 集成电路中的电阻类型

6.3.1 基区电阻

标准双极工艺和模拟BiCMOS工艺提供基区电阻。基区扩散最适合制作从50Ω到10kΩ的电阻。基区方块电阻的控制相对来说比较精确，而且基区电阻的掺杂浓度足够高，从而使得隔离岛调制效应最小化。

6.3.2 发射区电阻

标准双极工艺和一些模拟BiCMOS工艺提供发射区电阻。发射区适合于制作较小电阻，一般是0.5～100Ω。发射区电阻可以忽略调制和电导调制效应。发射区电阻必须放置在合适的隔离岛内，通常的做法是将发射区电阻放置在基区扩散区内，而基区扩散区再制作在一个N阱内。

6.3.3 多晶硅电阻

多晶硅电阻相关内容参照6.2节即可。有的工艺在芯片上淀积一层全新的多晶硅层，这层多晶硅是真正可控的，专门用它来制作电阻，这种工艺被称为双层多晶硅工艺——一层多晶硅做栅，一层多晶硅做电阻。

6.3.4 阱电阻

掺杂半导体具有电阻特性，不同的点掺杂浓度具有不同的电阻率。利用这一特性，可以制造集成电路所需的电阻。P阱和N阱都是轻掺杂区，电阻率很高，因此可以用阱区作阻值较大的电阻，但这种电阻精度不高。此外，N阱因低掺杂，光照后电阻阻值会降低，而且呈现不稳定的现象。最好在N阱电阻上覆盖金属，并将其电位接到电源上；若无法接到电源，可把它接到电阻两端较高的电位端。

6.3.5 扩散电阻

MOS管中心的栅会对其下的耗尽区进行调节，但如果将NMOS晶体管的栅去掉，就留下一个N型电阻，如图6-10和图6-11所示。

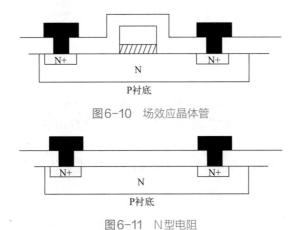

图6-10 场效应晶体管

图6-11 N型电阻

如果需要，可以采用相同类型的工艺方法跨越整个区域制作N+，在这种情况下，甚至不需要常规的N区，就是N+电阻。N+有它自己的方块电阻值。如图6-12所示。

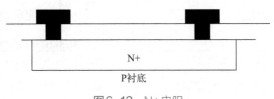

图6-12 N+电阻

采用已被用于制造器件的基本材料，不需要额外的掩模和额外的材料层，就能够构成各种电阻。

也可以用P-FET做相同的工作，因为衬底是P型材料，所以必须在N型材料上构造PMOS管，需要采用N型材料作P区和衬底之间的隔离物，如图6-13、图6-14所示。

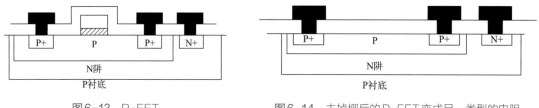

图6-13　P-FET　　　　　　　　图6-14　去掉栅后的P-FET变成另一类型的电阻

因为P型电阻是在N阱中，这就存在了第三个电极，如图6-15所示，这是该种扩散电阻的特殊问题之一。必须确保N阱被连接到电源VDD最高电位。

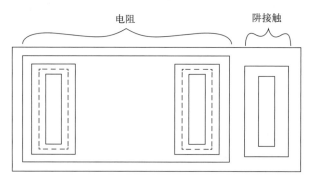

图6-15　第三个电极的俯视图

6.3.6　特殊电阻

有些设计中需要很大的电阻值，如果对它的精度没有特殊要求，允许有15%左右的变化，可以把电阻的宽度做得比接触孔的宽度还要小，如图6-16所示。尤其是在需要考虑占用版图面积大小的时候，这样的结构特别有用。

按照该结构的外形命名，它被称为蛇形电阻（折弯型电阻）。如何计算方块数来确定体电阻呢？如图6-17所示。

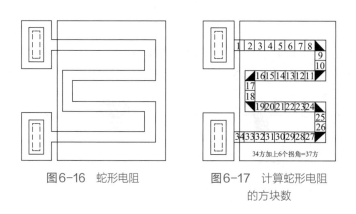

图6-16　蛇形电阻　　　图6-17　计算蛇形电阻的方块数

直线区按方块数计算，而每个拐角按半方计算，因为每个拐角的外角没有被完全利用，如图6-18所示。

6.3.7 电流密度

首先来看这种情况：需要一个200Ω的电阻，其中流过的电流为10mA，薄层电阻率是200Ω/□。怎样做这个电阻呢？如图6-19所示。

为了得到更高的精度，在前面的经验法则中曾提及，电阻的长度不能短于10μm，在这个例子中，电阻应该是10μm（长）×10μm（宽），而每方是200Ω。

除了考虑上述条件外，还需要考虑电流密度问题。电流密度是材料中能够可靠流过的电流量。典型的电流密度大约是0.5mA/μm（宽）。和宽度有关是因为设计得越宽，能够通过的电流越多。

一旦确定了电流密度，就可以用宽度乘以这个值，其结果就是电阻能够可靠流过的电流值。

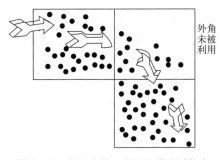

图6-18 在拐角处，电子不是通过整个方块流动

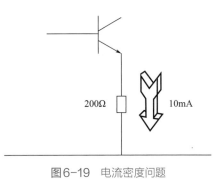

图6-19 电流密度问题

$$I_{max} = D \times W \tag{6-2}$$

式中，I_{max}为最大允许可靠流过的电流，mA；D为材料的电流密度，mA/μm；W为材料的宽度，μm。

在上面的例子中，10μm宽的电阻显然只能可靠承受5mA电流，是存在问题的。对于选择电阻的宽度，电流密度是重要的。

6.3.8 MOS管作有源电阻

MOS管作有源电阻是指对MOS管做适当的连接并使其工作在一定的状态下，利用它的直流导通电阻和交流电阻作为电路中的电阻元件使用。MOS管作电阻的最大优点是占用面积非常小，比上述几种电阻都小得多。

在模拟集成电路中，MOS管可以作有源电阻。将它的栅极和漏极相连，就形成了一个非线性电阻，这种有源电阻得到了广泛的应用。

6.4 电阻的寄生效应

实际的金属无法与环境完全隔绝。在高频下不可避免地会产生电容和电感耦合，有些电阻还会发生结电流泄漏。

图6-20显示了典型多晶硅电阻的截面图。电阻的四周被氧化物包围，这种氧化物是极好的绝缘体，几乎没有漏电。氧化物还表现为耦合电阻和相邻元件的电介质。大多数多晶硅电阻处于电容率为0.05fF/μm²的场氧化层中。忽略边缘效应，5μm宽、100个方块的电阻约

有125fF的总衬底电容。这个电容沿电阻不均匀分布，因此不能用单个电容精确建模。其分布电容可以用图6-21所示的π模型来估计，其中，C_1和C_2为理想电容，各代表一半的分布电容；T_1和T_2代表电阻的两端端口。如果单个π模型不够精确，还可以使用多重π模型。图6-21（b）所示的2π模型中，R_1和R_2为理想电阻，每个电阻为总电阻的一半；C_1、C_2和C_3是理想电容，C_1和C_3等于分布电容的四分之一，C_2为分布电容的一半。

图6-20　多晶硅电阻（截面图）

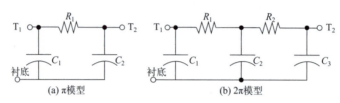

图6-21　多晶硅电阻的电路模型

越过多晶硅电阻的导线会引入额外的寄生电容，其截面图如图6-22所示。典型的夹层氧化物的电容率等于场氧化物，约为$0.5fF/\mu m^2$。这样，当3μm宽的导线越过5μm宽的电阻且夹角为直角时，大约产生7.5fF的耦合电容。这是个极小的电容值，即便如此，它也会将噪声耦合到高阻抗电路。在精密的模拟电路中，含噪声的信号不能布在多晶硅电阻之上。

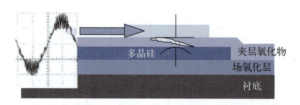

图6-22　越过多晶硅电阻的导线引入寄生电容（截面图）

图6-23给出了扩散电阻的简化截面图。一个或多个反偏结将电阻与芯片的其他部分隔离开。需要有隔离岛接触以提供必要的反偏电压。

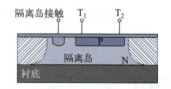

图6-23　典型扩散电阻（截面图）

扩散电阻的主要寄生效应为反偏结，一个结在电阻和隔离岛之间，另一个结在隔离岛和衬底之间。这些结形成的分布通常用π模型建模。图6-24展示了图6-23中电阻的两个单π子电路模型。

图6-24（a）所示子电路包含一个理想电阻和三个二极管。VD_1和VD_2分别表示整个电阻-隔离岛结的一半，而VD_3表示这个隔离岛-衬底结。只要隔离岛电阻小于电阻R_1，这种子电路模型就具有相当的精确度。在隔离岛电阻较大时，更倾向于选用图6-24（b）所示的子电路模型。这个模型包含电阻R_2，用于为隔离岛电阻建模；此外还包含两个二极管VD_3和VD_4，用于为隔离岛-衬底建模。这两种子电路都可以加入更多的π结构以提高模型的高频精度。

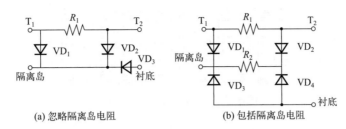

(a) 忽略隔离岛电阻　　　　　　(b) 包括隔离岛电阻

图 6-24　扩散电阻的子电路模型

大多数设计者偏爱使用多晶硅电阻,因为没有结的情况使得可以少考虑寄生效应。但是多晶硅电阻在方块电阻和温度系数方面却不如扩散电阻。例如,N阱电阻比重掺杂的多晶硅更紧凑。因此,即使在提供多晶硅电阻的工艺中,也会偶尔使用扩散电阻。

6.5　电阻的匹配

下面的规则对于电阻的匹配是非常重要的。通常,通过它们能够将电阻工艺误差减少到3%。

① 遵循三个匹配的原则:电阻应该被放置在相同的方向、相同的器件类型以及相互靠近。这些原则对于减少工艺误差对模拟器件功能的影响是非常有效的。

② 使用类型、宽度、长度相同的电阻以及相同的间距。版图实例如图6-25所示。

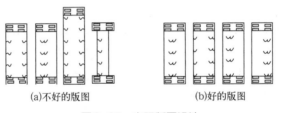

(a) 不好的版图　　　　　　(b) 好的版图

图 6-25　电阻版图设计

③ 对于高精确度的电阻,建议电阻的宽度为工艺最小宽度的5倍,这样能够有效降低工艺误差。版图实例如图6-26所示。

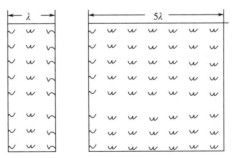

图 6-26　电阻的最小宽度

④ 在需要匹配的电阻的两端放置虚构电阻,保证能够精确地达到匹配电阻的宽度和长度。版图实例如图6-27所示。

⑤ 避免使用短的电阻,因为短的电阻更容易受工艺误差的影响。中度匹配的电阻一般

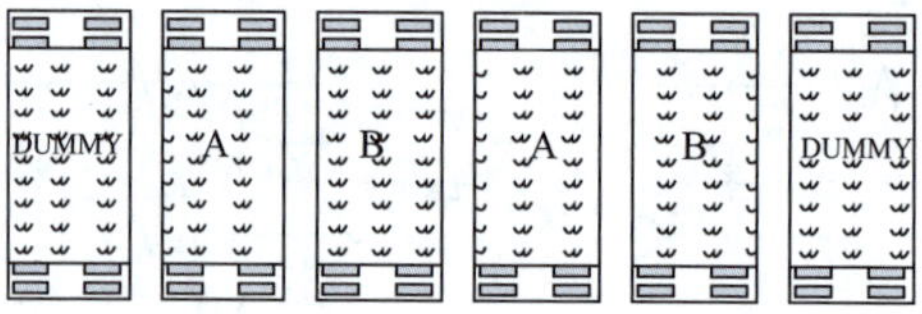

图6-27 两侧加虚构电阻的版图

应该大于5方块电阻，精确匹配的电阻长度一般不小于50μm。

⑥ 不要在匹配的电阻上使用金属连线，尽可能有效地减少工艺误差以确保模拟器件的功能。

⑦ 对于一些阻值小于20Ω的电阻，使用金属层来作电阻，会得到准确的阻值。

本章小结

在集成电路中，相同材料的任意大小正方形电阻的阻值都是一样的，可以通过计算方块电阻的个数来计算电阻大小。通过电流密度计算可以设计方块的大小。以多晶硅材料为例，电阻的版图主要由多晶硅层、接触孔和金属层组成。集成电路中有基区电阻、发射区电阻、多晶硅电阻、阱电阻、扩散电阻和一些特殊电阻，根据工艺类型和电阻的大小来选择电阻类型。对于电阻，有电容和电感耦合、结电流泄漏等寄生效应。电阻的匹配规则主要是放置在相同的方向、相同的器件类型以及相互靠近。

习题

1. 什么是方块电阻？
2. 利用公式 $R = \rho \dfrac{L}{W}$ 计算下列电阻值：
   ① L=20μm，W=20μm，ρ=100Ω/□。
   ② L=128μm，W=2.5μm，ρ=400Ω/□。
   ③ L=20μm，W=60μm，ρ=450Ω/□。
   ④ L=5μm，W=100μm，ρ=20Ω/□。
   ⑤ L=86μm，W=12.2μm，ρ=856Ω/□。
3. 假设一个电阻有8□，200Ω/□，那么这个电阻的阻值是多少？
4. 假设需要一个能承受12mA电流的电阻。其大小为50Ω，并且要求其对工艺变化不敏感。有三个选择：
   ① 多晶硅：电流密度为0.27mA/μm，薄层电阻率为225；
   ② N阱：电流密度为0.72mA/μm，薄层电阻率为870；
   ③ 扩散电阻：电流密度为0.93mA/μm，薄层电阻率为1290。
   哪个能满足要求？
5. 电阻的寄生效应都有哪些？
6. 采用哪些规则进行电阻的匹配？

第 7 章 电容的版图设计

> **思维导图**

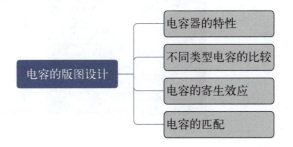

7.1 电容器的特性

电容的版图设计与电阻类似,即尽量在器件布局后"填空"。但是也有特殊的情况,比如现在常用的金属电容,由于单位电容面积小,所以占用的面积较大,因此在进行版图布局时不得不首先考虑电容的位置。建议在选择电容时务必慎重,可以先做出一个电容看看面积是否与器件占用的面积差不多,如果相差悬殊,可以考虑将多个电容并联,或者选择其他类型的电容。

MOS集成电路中的电容器几乎都是平板电容器,如图7-1所示。平板电容器的电容表达式为:

$$C = \varepsilon_o \varepsilon_{ox} WL / t_{ox} \tag{7-1}$$

若令

$$C_{ox} = \varepsilon_o \varepsilon_{ox} / t_{ox}$$

则

$$C = C_{ox} WL$$

式中,C_{ox}为单位面积的栅氧化层电容;ε_o为真空介电常数;ε_{ox}为栅介质二氧化硅的相对介电常数，一般取 3.9；t_{ox} 为栅氧化层厚度（加工厂提供）；W、L 分别为平板电容器的宽度、长度，两者的乘积即为电容器的面积。

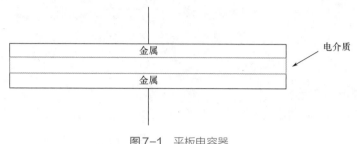

图 7-1 平板电容器

一般在电路仿真时就能确定电容器的总电容 C，而栅氧化层厚度 t_{ox} 由硅片加工厂提供。版图设计时利用式（7-1）计算出电容的面积，在版图中设计相应的 W 和 L 即可。

电容版图基本结构如图 7-2 所示，由集成电路工艺中两层薄膜构成上下极板，中间为氧化绝缘层。需要注意的是，电容值的计算中需计算有效极板面积，即上下极板之间的重叠面积，如图 7-3 箭头所指。

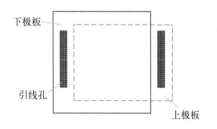

图 7-2 电容版图基本结构

图 7-3 电容值的计算中需计算有效极板面积

7.2 不同类型电容的比较

7.2.1 发射结电容

标准双极和模拟 BiCMOS 工艺都能提供发射结电容。在零偏压下，这种电容能提供较大的单位面积电容，典型值为 $0.8fF/\mu m^2$，但这种电容会随着反偏电压的增大而逐渐减小。结电容通常都做在隔离岛内，隔离岛必须制作接触以确保集电结反偏，该接触也使得集电结和发射结并联，从而增大了总电容。

7.2.2 MOS 电容

可以用 MOS 晶体管来构成电容器，栅极作为上极板，源、漏、衬底连接在一起作为下极板，如图 7-4 所示。

注意：这种 MOS 管的栅极不要画成最小设计规则的线宽，要做得稍大一些。

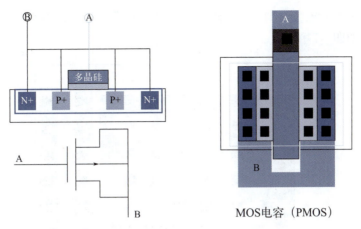

图7-4 用MOS晶体管来构成电容器

7.2.3 多晶硅-多晶硅电容

在双层多晶硅工艺中使用该方法。用多晶硅2（Poly2）作为电容器的上极板，多晶硅1（Poly1）作为电容器的下极板，如图7-5所示。栅氧化层作为介质。这个电容是制作在场区上的，有场氧化层把电容的上下极板和其他元件及衬底隔开，所以是一个寄生参数很小的固定电容器。其电容不受横向扩散的影响，只要能精确控制两层多晶硅之间的氧化层质量和厚度，就不难得到精确的电容值。注意：上下极板不能互换，因为上极板的寄生电容小于下极板。

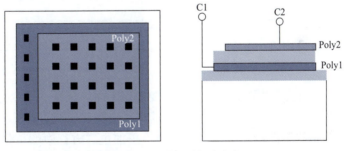

图7-5 双层多晶硅组成电容器

双层多晶硅电容常见的版图结构如图7-6所示。一般都将接触孔环绕整个结构来降低电容下极板的串联电阻。图7-6中，图（a）所示为点阵结构接触孔，图（b）所示为叉指结构接触孔。

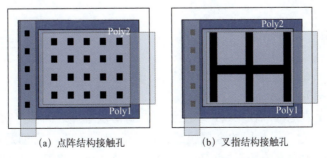

(a) 点阵结构接触孔　　(b) 叉指结构接触孔

图7-6 双层多晶硅电容常见的版图结构

也可将双层多晶硅电容器制作于N阱上,可以保护下极板免受衬底噪声干扰,但同时增加了版图面积,如图7-7所示。

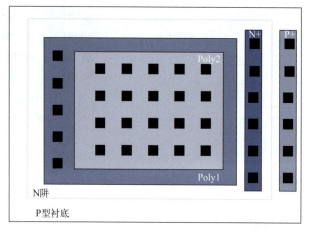

图7-7　制作于N阱上的双层多晶硅电容器

7.2.4　金属电容

大多数用于信号传输的电容器都由金属制备而成,这样就消除了PN结,如图7-8所示,从而消除了寄生二极管的固有电容。同样,对电压的依赖性也消除了。

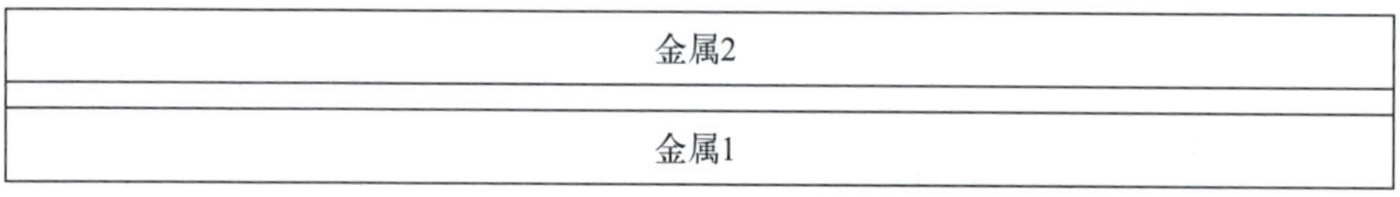

金属2
金属1

图7-8　金属电容器消除了PN结的寄生电容

在大多数情况下,两块金属彼此重叠时,都要确保上面的金属不与下面的金属短路。所以大多数典型的集成电路工艺中都用一层相当厚的材料来隔离不同的金属层。

由于在两极板之间的距离增加了,所以前面给出的电容方程中的单位面积电容会稍稍不同。除此之外,虽然采用厚介质层,但用于金属电容器的方程和扩散电容器方程完全一样。

由于上下两层金属间隔较远,为了得到与扩散电容器相同的电容值,需要制备的金属极板面积将大大增加。所以,相同电容值的金属-金属电容器比扩散电容器占用的面积大得多。

7.2.5　叠层电容

为了减少金属电容器所占用的面积,可以采取一些方法。根据现有金属的层数,可以制备叠层电容器,如图7-9所示。

多层金属平板垂直地堆叠在一起,从上到下,每两层金属之间都存在着电容。如果将奇数层的金属连接在一起,偶数层的金属也连接起来,从剖面看,它们是两个梳状结构的交叉,这样,通过正确地交叉连接金属,可以在单位芯片面积上获得更大的电容。

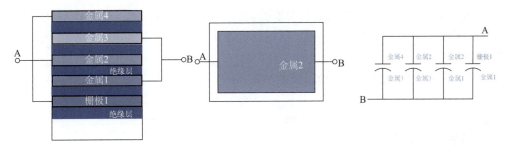

图7-9 叠层金属电容节省了芯片面积

7.3 电容的寄生效应

所有寄生电容都有很明显的寄生效应,相对理想的电容由两块大平板电极间的静电作用产生。这些相同的极板也会与集成电路的其他部分产生静电耦合,出现不希望产生的寄生效应。一个极板产生的寄生电容通常会比另一个极板产生的寄生电容大,所以电容器的方向非常重要。

图7-10(a)所示为多晶硅-多晶硅电容寄生效应的子电路模型,该模型也适用于其他两极板通过淀积获得的电容器。理想电容C_1代表所期望的电容;C_2代表下极板和衬底间的寄生电容,寄生电容值可利用下极板面积和场氧化层厚度求得。电容C_3代表与上极板有关的寄生电容,该电容通常远小于C_2,只有当电容上有其他导体的时候才会变得明显。除了与电容相连的导线,一般不要让其他引线从电容上跨过,这不仅是因为导线会增加不需要的电容,而且存在引发噪声耦合的可能。当金属屏蔽层置于电容器之上,帮助改进匹配特性的时候,C_3的影响将变得明显。在这种情况下,由电容上极板和屏蔽层耦合产生的电容C_3可以利用上极板面积和夹层氧化物厚度计算得到。

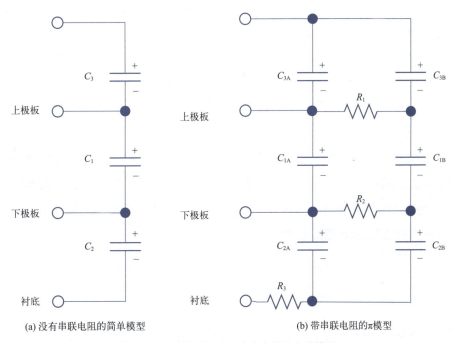

(a) 没有串联电阻的简单模型　　(b) 带串联电阻的π模型

图7-10 多晶硅-多晶硅电容的子电路模型

高频时多晶硅电极的串联电阻变得明显。图7-10（b）所示的子电路模型包含了这个串联电阻，该模型把所有的电容分解成π结构。电阻R_1是上极板串联电阻的模型，R_2是下极板串联电阻的模型，电容C_1、C_2和C_3被等分：C_{1A}/C_{1B}，C_{2A}/C_{2B}，C_{3A}/C_{3B}。电阻R_3代表衬底的有限电阻，它通常等于或大于其他极板的串联电阻。

7.4 电容的匹配

正确的构造能使电容达到其他任何集成元件所不能达到的匹配程度。下面是一些电容匹配的重要规则。

① 遵循三个匹配原则，它们应该具有相同方向、相同的电容类型以及尽可能地靠近。这些规则能够有效地减少工艺误差以确保模拟器件的功能。

② 使用单位电容来构造需要匹配的电容，所有需要匹配的电容都应该使用这些单位电容来组成，并且这些电容应该并联，而不是串联。

③ 使用方块电容，并且四个角最好能够切成45°。周长变化是导致不匹配的最主要的随机因素，周长和面积的比值越小，就越容易达到高精度的匹配。

④ 在匹配的电容四周摆放一些虚构的电容，能够有效减少工艺误差。这些虚构的电容也要和匹配的单位电容有相同的形状和大小，并有相同间距。

⑤ 尽可能使需要匹配的电容大些。增加电容的面积能有效减少随机的不匹配。一般在CMOS工艺中，比较适当的大小是$20\mu m \times 20\mu m$到$50\mu m \times 50\mu m$。如果电容的面积过大，建议把它分成一些单位电容，做交叉耦合处理能够减少梯度影响并提高全面匹配度。

⑥ 对于矩形阵列，尽可能减小纵横比，1:1是最佳的。

⑦ 连接匹配电容的上极板到高阻抗信号上，这样比接下极板能够减少寄生电容。如果对衬底的噪声耦合也非常关心，建议在整个电容建个N阱，这个阱最好连接到一个干净的模拟参考电压，比如地线。

⑧ 需要匹配的电容要远离大功耗的器件、开关晶体管以及数字晶体管，以减少耦合的影响。不要在匹配电容上走金属线，减少噪声和耦合的影响。

本章小结

集成电路中提供多种类型电容，其中，双极和BiCMOS工艺提供发射结电容，CMOS工艺中有MOS电容，还有多晶硅-多晶硅电容、金属电容、堆叠电容，等等。电容很容易发生静电耦合的寄生效应。电容的匹配尽量遵守具有相同方向、相同的电容类型以及尽可能地靠近。

习题

1. 请写出平板电容器的计算公式。
2. 双层poly电容器（PIP）上极板和下极板分别是什么？上下极板是否可以互换？

3. 列举出3种电容类型。
4. MOS管怎样连接可以构成电容？
5. 一个电容器的设计尺寸为40μm×40μm，实际制备工艺误差为+0.1μm，电容率为6.2fF/μm^2，那么电容器的容值是多少？
6. 需要一个6pF的正方形电容器，假设工艺无误差且电容率为7.1fF/μm^2，那么电容器的尺寸是多少？
7. 电容的寄生效应主要有什么？
8. 电容的主要匹配规则是什么？

第 8 章

双极型晶体管版图设计

▶▶ 思维导图

```
双极型晶体管版图设计 ─┬─ 双极型晶体管的工作原理
                    ├─ 标准双极型晶体管版图设计
                    └─ 双极型晶体管匹配设计规则
```

　　双极性结型晶体管（BJT，Bipolar Junction Transistor），简称双极型晶体管，是所有半导体器件中最为通用的一种，可以同电阻以及电容组成双极型集成电路。这种集成电路的诞生起源于1958年发明的第一块集成电路，在各类集成电路中具有最长的历史。现在，虽然MOS集成电路已经占世界集成电路市场90%的份额，但双极型集成电路由于速度快、稳定性好、带负载能力强，仍然获得广泛的应用。双极型集成电路既可以作为数字集成电路，又可以用于制作模拟集成电路。

8.1 双极型晶体管的工作原理

　　双极型晶体管工作时同时涉及电子和空穴两种载流子的流动，因此被称为"双极型"的，也称为双极型载流子晶体管，可视为两个二极管"背靠背"连在一起。双极型晶体管有两种类型，分别是NPN型和PNP型。双极型NPN晶体管可以视为共用阳极的两个二极管结合在一起。在双极型晶体管正常工作状态下，发射结处于正向偏置状态，而集电结处于反向偏置状态。在没有外加电压时，发射结N区的多数载流子自由电子浓度大于P区的自由电子浓度，部分自由电子将扩散到P区。同理，P区的部分多数载流子空穴也将扩散到N区。在发射结上将形成一个空间电荷区（也称耗尽层），产生一个内在的电场，其方向由N区指向P区，这个电场将阻碍上述扩散过程的进一步发生，从而达成动态平衡。这时，如果把一个正向电压施加在发射结上，上述载流子扩散运动和耗尽层中内在电场之间的动态平衡将被打破，会使热激发电子注入基极区域。

8.2 标准双极型晶体管版图设计

标准双极型工艺最适合制造NPN晶体管，但是它所拥有多种扩散方式也能够制作衬底PNP管和横向PNP管。除了工艺细节外，小信号晶体管的设计原则保持相同，任何经过优化的晶体管结构都与标准双极型NPN管相似。多数未经优化的晶体管则类似于衬底或者横向PNP管。

8.2.1 标准双极型NPN晶体管

- （1）制备纵向NPN晶体管的过程

采用纵向工艺技术可以更加精确地制备双极型晶体管。中间的基区可以比横向工艺制备小很多。这样，由于基区变得更小了，相应地，双极型晶体管的开关速度比MOSFET更快了。双极型晶体管的开关电流速度由P区的宽度决定。两个N区之间的距离越短，在这个区域中开关电流的速度就越快。

下面通过制备一个纵向NPN管的过程来讲解器件的版图结构。这里仅以扩散型NPN晶体管为例。

首先，用一个N型区域构建集电区。在顶部通过外延生长一层P型材料，并将硅片退火，通过扩散，集电区面积就变得更大，浓度也更均匀。当制备外延层时，集电区被埋在下面，可以另外注入一个足够深的N型杂质和N型埋层相接触，这样就制备了一条从表面到埋层集电区的N型通路。从顶部看到的N型注入区就称为集电极的接触端。以上流程如图8-1所示。

下一步，制备基区。N型埋层上方有一个特殊掺杂的P型区，它并不覆盖整个N型埋层，因为还有一部分注入的N型接触区在这里。对基区的注入很浅以得到更快的开关速度。以上流程如图8-2所示。

制备双极型晶体管的最后一步是注入一些N型杂质来形成发射区，N型发射区的面积比之前埋入的N型集电区要小。

在基区扩散以后，其水平方向的宽度远大于所需要的尺寸，这样就有足够的空间来连接它。制备纵向NPN晶体管往往使用过量的N型和P型材料，并将它们向两边延伸，目的是得到表面接触。以上流程如图8-3所示。

- （2）NPN晶体管版图结构

图8-4所示是典型的NPN晶体管结构，从左向右依次为集电极（C）、发射极（E）、基极（B），也可以按照集电极、基极、发射极的顺序。在其他条件相同的情况下，CEB结构版图

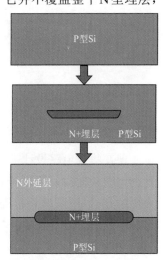

图8-1 构造集电区和埋层

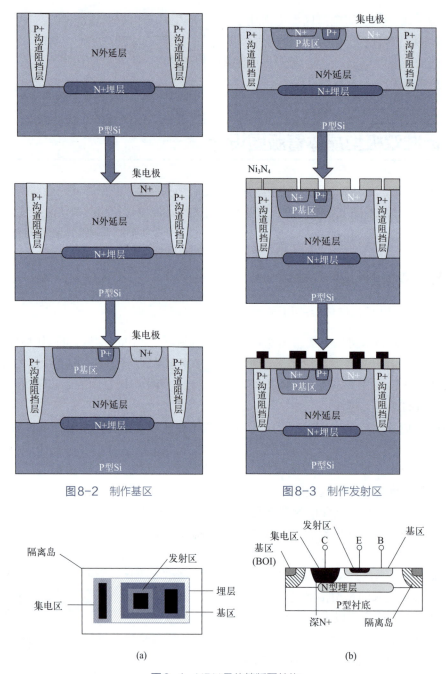

图8-2 制作基区　　　　　　图8-3 制作发射区

图8-4 NPN晶体管版图结构

要优于CBE，因为CEB结构的NPN晶体管降低了集电极电阻，如图8-5所示。

现在集成电路设计多采用多层金属布线。若只采用一层金属布线，有时会遇到布线布不开的情况，此时，可以跨越晶体管布线，如图8-6所示三种跨越晶体管布线的情况，应尽量采用图（a）所示形式布线，而尽量不采用图（b）、（c）形式。当然，一个好的版图设计是尽量不从晶体管上布线，务必慎重考虑。

NPN型晶体管在集成电路中最常用的图形有4种，如图8-7所示。下面简单地说明它们的区别。

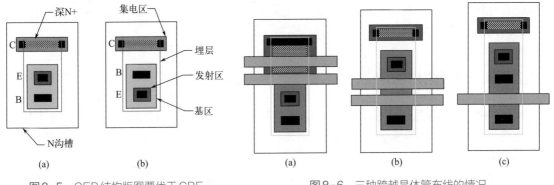

图8-5 CEB结构版图要优于CBE　　　图8-6 三种跨越晶体管布线的情况

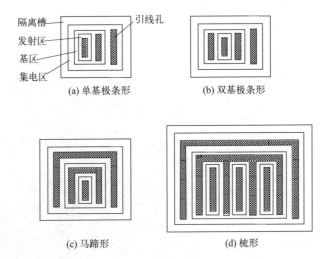

图8-7 四种常见的NPN型晶体管版图结构

① 单基极条形是集成电路中最常用的一种图形。由于它的发射区有效长度较小,允许通过的最大电流就较小;另外,由于面积可以做得很小,具有较高的特征频率。但由于是单基极条结构,基极电阻较大,这对提高晶体管的最高振荡频率及减小晶体管的噪声都是不利的。因此这种结构适用于要求通过电流较小而特征频率较高的电路。

② 双基极条形也是集成电路中最常用的一种图形。与单基极条形相比,若两者发射区的长和宽一样,则双基极图形的发射区有效长度大一倍,允许通过的最大电流也大一倍。双基极条结构的面积略大于单基极条结构,其特征频率稍有降低,但由于其基极电阻是单基极条结构的一半,因此最高振荡频率比单基极条结构的晶体管要高。

③ 马蹄形结构也是集成电路中常用的结构。与双基极条形相比,在发射区长和宽相同的情况下,马蹄形允许通过的最大电流大致相同。这种马蹄形结构的特点是集电极串联电阻小,因此在数字集成电路中输出管的图形常设计成这种形式。

④ 梳状结构。这种结构的最大特点是允许通过较大的电流,而且又能保持良好的频率特性,这是由于它虽然增加了发射极的周长,但基极电阻减小,使最高振荡频率仍然可以做得很高。然而这种结构的图形发射区很窄,发射区与基区的间距又很小,所以在工艺上对制版及光刻的要求很高,不仅要求能制出细条的掩模版,而且要求各块掩模版相互套准也很好。

由于晶体管在电路中所起的作用不同,它们在版图中的图形结构也不同,有时在一块版图中就有几种晶体管图形,因此在设计版图之前,应该清楚各个晶体管在电路中的作用,以便决定采用的图形结构。

8.2.2 标准双极型衬底PNP晶体管

虽然NPN型晶体管是双极型集成电路中的基本器件,但在模拟电路中为了形成互补电路等也需要PNP管,如集成运算放大器中的输出级、偏置电路等都经常使用PNP型晶体管,在数字电路中也用。

衬底PNP管的制作工艺与NPN管完全兼容。衬底PNP管:顾名思义,它是利用P型衬底作为集电区,集电极从隔离框上引出;N型外延层作为基区,在它上面扩散N+层作电极。衬底PNP管结构如图8-8所示。

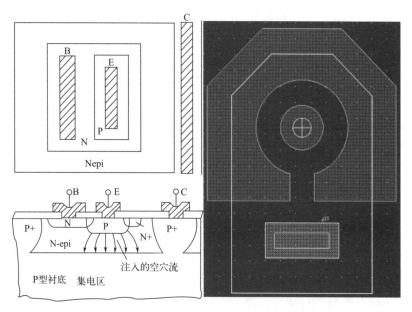

图8-8 衬底PNP晶体管版图结构

衬底PNP晶体管的作用发生在纵向,因此又称为纵向PNP管。它的发射区面积可以做得很大,工作电流比横向PNP管大,并且可以采用增大发射区面积或多个发射区并联使用的方法来增大临时电流。由于衬底作为集电区,不存在寄生晶体管效应,不需要埋层。衬底PNP管的电流放大系数和特征频率都比横向PNP管的大,通常只能应用于低频电路。另外,衬底PNP管的P型衬底作为集电区使用,而P型衬底在电路中总是接地的,所以这种晶体管只能用于集电极接地的电路中。

8.2.3 标准双极型横向PNP晶体管

■ (1)典型的横向PNP管

典型的横向PNP管的结构如图8-9、图8-10所示。由于晶体管的作用主要发生在平行于器件面的方向,所以称为横向PNP管。它的制作工艺与NPN管完全兼容,不需要附加工序。在进行NPN管基区掺杂的同时形成它的发射区和集电区，基区就是N型外延层，基区接触在NPN管发射区掺杂时完成。为了减小从发射区到衬底的寄生PNP管效应，必须加埋层。横向PNP管的基区宽度比较大，它的特征频率不容易做高，只能用于低频电路。

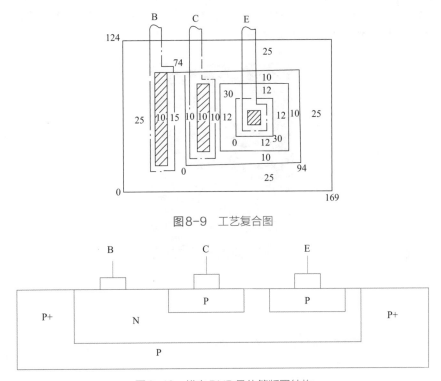

图8-9　工艺复合图

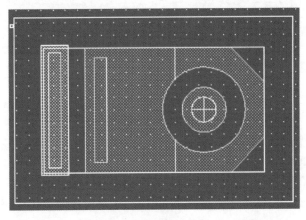

图8-10　横向PNP晶体管版图结构

横向PNP管的发射区、N型外延层和P型衬底之间形成一个寄生的纵向PNP管，该管始终处于正向工作区，这将降低横向PNP管的电流增益。所以在设计横向PNP管时，应该使集电区包围发射区，使集电极尽可能多地收集从发射区侧向注入的空穴。

当工作电流较小时，发射区使用最小的几何尺寸，考虑到开接触孔，发射区图形一般为正方形；工作电流较大时则采用长方形。为了减小表面复合的影响和获得均匀的表面横向基区宽度，把图形的四角改为圆形，有时甚至采用圆形发射极图形，如图8-11所示。

图8-11　采用圆形发射极图形的横向PNP晶体管

■ (2)多集电极横向PNP管

横向PNP管结构提供了一个按对应于发射区侧面的有效集电区面积来决定集电极电流分配比的方法。只要在版图设计时将集电区分成几部分，而且这些集电区和发射区的间距和结上的反向偏置都相同，则每一部分的集电极电流就正比于所对应的有效集电区面积。这种结构的横向PNP管在模拟集成电路中使用较多，如图8-12所示。

图8-12　多集电极横向PNP晶体管版图结构

8.3 双极型晶体管匹配设计规则

很多模拟电路要求匹配双极型晶体管。电流镜和电流传送器均采用匹配晶体管来复制电流；放大器和比较器采用匹配晶体管构造差分输入级；基准源采用匹配晶体管提供预置电压和电流等。

双极型晶体管匹配设计规则可参考5.4节所述MOS管匹配规则。

本章小结

本章主要介绍集成电路中的双极型晶体管，分别介绍了纵向NPN、衬底PNP以及横向PNP的工艺制备过程、结构、版图设计方法以及优缺点。同时对双极型晶体管的匹配问题进行了阐述，不同匹配精度的晶体管，其设计方法不同。

习题

1. 什么是纵向工艺？这种工艺的优势在哪里？
2. 横向PNP和纵向NPN版图结构的区别在哪里？
3. 晶体管匹配原则是什么？
4. 采用单层金属布线，布线走不开的情况下是否可以跨越器件？可以的话，跨越器件哪个电极？

第 9 章 二极管的版图设计及应用

▶▶ 思维导图

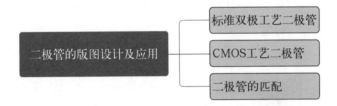

集成电路中随处可见注入P型杂质和N型杂质的区域,因此它们中任何一对都可以用来制造二极管。但是,某些PN结组合比另外一些组合更适合,PN结的适用性取决于掺杂、注入的深度以及其他一些因素,并不是所有的PN结都相同。

9.1 标准双极工艺二极管

9.1.1 基本二极管

制备PN结的一个最简单方法是在P型衬底中掺入一些N型杂质。然而,该结构的可控性并不理想,因为P型衬底的掺杂浓度未必和预想的完全一致,当然,如果注入的杂质浓度合适,就可以制造出一个有用的二极管,如图9-1所示。

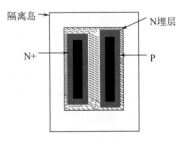

图9-1 基本二极管版图结构

9.1.2 由双极型晶体管构造的二极管

在双极型集成电路中,二极管的选择依赖于电路技术,可以用双极型晶体管作为二极管，也就是采用二极管连接形式的晶体管，这样就不必像以前那样用一大块P型或N型材料来构成基本的二极管。

一般将双极型NPN晶体管的基极和集电极短接，使用基极和发射极构成二极管，如图9-2所示。

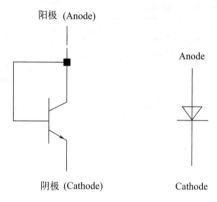

图9-2　由双极型晶体管构造的二极管

以二极管形式连接的晶体管通常采用CBE结构而不是CEB结构。这是因为许多工艺都支持合并集电极-基极接触孔，从而可以进一步节省面积，如图9-3所示。

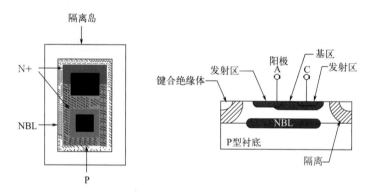

图9-3　将NPN晶体管的基极和集电极短接构成二极管

9.1.3　齐纳二极管

击穿电压小于6V并且主要依靠隧穿效应导电的二极管称为齐纳二极管。击穿电压大于6V的二极管称为雪崩二极管。

NPN晶体管的发射结可以方便地形成齐纳二极管。它的击穿电压V_{EBO}取决于基区的掺杂浓度和发射区结深。大部分标准双极工艺可提供击穿电压约为6.8V的发射结。先进双极工艺和BiCMOS工艺通常使用轻掺杂基区，其形成的发射结击穿电压可以达到10V。击穿主要是由雪崩效应而不是隧穿效应所致，所以击穿电压的温度系数为正。典型的6.8V发射结齐纳二极管的温度系数为3～4mV/℃。

发射结齐纳二极管的版图在本质上与NPN晶体管完全相同。发射区作为齐纳二极管的阴极，基区作为阳极。隔离岛的作用就是将齐纳二极管和周围的隔离区隔离开。它应该连接到齐纳二极管的阴极或者更高的电位上。隔离岛绝对不能连接到齐纳二极管的阳极，以免晶体管偏置进入反向放大区。有些设计者将隔离岛悬空，这种方式不建议采用，因为这样会放大漏电流。隔离岛的接触不需要深N+阱来实现，因为它只用于传导漏电流。埋层NBL对齐纳二极管几乎没有影响，因此可以忽略。

发射结齐纳二极管的发射区通常为圆形或椭圆形，如图9-4所示。采用圆形是为了防止在发射区拐角处的电场增强。

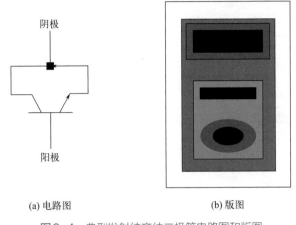

图9-4 典型发射结齐纳二极管电路图和版图

9.2 CMOS工艺二极管

理论上，可以利用CMOS工艺形成的三个结中的任意一个制作PN结二极管。但实际中，在正常情况下，这些结中只有一个可以被偏置进入导通状态。在N阱CMOS工艺中，NSD/P型外延层和N阱P型外延层二极管的阳极都接到衬底，只有将阴极电位拉至衬底电位以下才能使这些二极管正偏。这些二极管不仅需要一个负的电源，而且还可能出现闩锁，因为它们向衬底注入少子。PSD/N阱结不存在这些问题，但是它产生了一个寄生PNP管，从而会将大量的二极管电流转入衬底。如果不加入埋层，形成的器件就像一个衬底PNP晶体管。

一些现代CMOS工艺使用高能注入产生退化阱。阱下部重掺杂部分类似于一个掩埋层。如果掺杂分布产生了足够强的内建电场，那么将阻碍少子向衬底的流动。即使不出现这样的情况，阱下部的重掺杂区也会促进复合，从而降低了衬底PNP管的β值（β为放大倍数）。如果衬底β值下降到1以下，那么将产生的器件称为结型二极管比称为衬底PNP晶体管更合适。

N阱CMOS工艺可以使用PSD/N阱结或者NSD/P型外延层结制作齐纳二极管。这两种齐纳二极管的击穿电压都超过了CMOS晶体管的工作电压，这种限制严重制约了它们在电路中的应用。然而，两种二极管都是有用的ESD保护结构。

典型的PSD/N阱齐纳二极管的版图如图9-5所示。雪崩击穿发生在包围着PSD注入的耗尽区中。阱的高值薄层电阻特性强化了正对NSD接触的PSD注入边缘处的导通。可以通过使窄长条PSD与NSD条形成叉指状结构增大导通区的有效面积。即使做了这些改进，由于源漏注入相对较浅，PSD/N阱控制电流的能力仍比发射结齐纳二极管差很多。

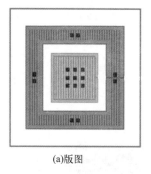 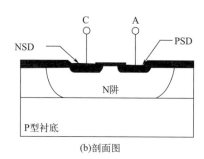

(a)版图　　　　　　　　　　　(b)剖面图

图9-5　PSD/N阱齐纳二极管版图和剖面图

9.3　二极管的匹配

不同类型的二极管互不匹配，因为它们的工作原理各不相同，相同类型的二极管之间可以通过正确的设计进行匹配。

9.3.1　PN结二极管匹配

双极和BiCMOS工艺使用的绝大部分结型二极管实际上都是二极管连接形式的晶体管，所以它们的版图和传统的双极型晶体管十分相似。二极管连接形式晶体管的唯一特征就是合并了集电极-基极接触，除此之外，用于匹配二极管连接形式晶体管的技术和用于匹配其他双极型晶体管的技术完全相同。

单纯的CMOS工艺并不支持制作二极管连接形式的晶体管，然而依然可以制作PN结二极管。N阱CMOS工艺可以制作PSD/N阱二极管，而P阱工艺可以制作NSD/P阱二极管。这两种器件中都有寄生的纵向双极型晶体管，它会将很大一部分正向导通电流转移到衬底。这些晶体管β值的范围从小于0.1到大于10，典型器件的β值为2。产生的基极电流在通过阱电阻时形成压降，并加到二极管的正向导通电压上。β值的任何变化都会引起阱电阻压降相应的变化，因此结型二极管的匹配取决于寄生双极管β值、阱电阻以及正向导通电压的匹配。

CMOS PN结二极管的版图与CMOS衬底晶体管相同。可将该器件看作一个包含寄生双极型晶体管的PN结二极管，或者是一个增益很低以至于类似二极管的双极型晶体管。但不管怎么看，要获得匹配就必须增大β值并减小阱电阻。实际上，这些因素有很大的影响，以至于面积、周长比较小的器件匹配性要优于面积、周长比较大的器件。最好的版图是最小宽度结阵列和阱接触形成的叉指状结构。匹配器件应该相互交叉或是交叉耦合，从而形成一个共质心阵列。两个二极管不应在同一阱中相互交叉，因为流过阱的电流对二极管的去偏置程度不同，具体取决于它们的位置以及相互之间的关系。相反，每个二极管应该被分为几个相同的部分，每个部分都放在自己的阱中，这些阱相互交叉或交叉耦合。如图9-6所示为一对匹配的PSD/N阱二极管。

许多CMOS工艺都使用硅化槽（复合槽），但是双极型晶体管的发射区不应该被硅化，因为这样会减小其β值。当PN结二极管中包含高增益寄生双极型晶体管时，二极管的匹配性实际上得到了改善，因为高增益减小了必须流过阱电阻的电流。如果有硅化物阻挡层，那

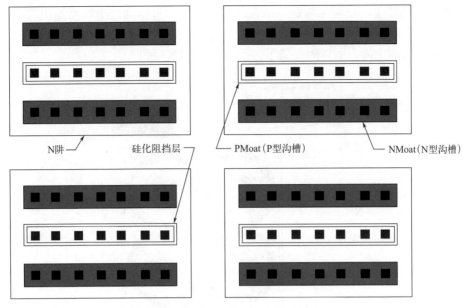

图9-6 匹配PSD/N阱二极管版图

么设计者应该使用该层包围形成各自PN结的二极管的各个叉指。

在低电流密度下工作也改善了PN结二极管的匹配性,因为阱电阻上的压降减小了。可以通过增加器件的面积或使其工作在更低的电流下来减小电流密度。CMOS二极管典型的工作电流密度为 $5 \sim 50 \text{nA}/\mu\text{m}^2$。

不管如何精心设计,因为大的发射区周长-面积比、阱电阻的影响以及β值的变化,PSD/N阱和NSD/P阱二极管通常都将存在约几个毫伏的失配。

9.3.2 齐纳二极管匹配

齐纳二极管很难匹配,因为其击穿电压主要取决于电场强度。结形状中的任何弯曲部分都会增强电场,导致局部击穿电压减小。大部分电流从结中弯曲程度最大的部分流过,因此决定了器件的击穿电压。局部击穿会降低匹配度,因为它会减小结的有效面积,扩大横向扩散的影响。匹配的齐纳二极管应该使用圆形的结以避免出现不必要的拐角。然而遗憾的是,即使采用圆形的结也很难获得一致的击穿。线宽的变化会产生微小的不规则性,其弯曲程度大于结的侧壁。产生的导通中的变化可在暗室里通过显微镜观察到。结雪崩时的微弱发光通常在结边沿上的少数几个点出现。几乎所有的电流都流过这几个点,但它们只占结周长的一小部分。相同版图的器件通常表现出截然不同的导通模式。这些变化突出了缺陷和线宽变化本质上的随机分布性。

大器件通常表现出更加均匀的缺陷分布。更高的电流密度通过增大结旁边轻掺杂扩散区上的压降也能够使变化减小。产生的压降可提供限流,并且有助于使导通分布在一个更大的面积上,但是它也代表了变化的另一种来源。

匹配齐纳二极管通常使用大的圆形结构来减小随机变化并消除边缘效应。阳极和阴极接触都应是或者接近圆形对称。如果必要,可以通过使接触孔进一步远离结区来增大器件中的限流电阻。图9-7所示为根据这些规则制作的匹配发射结齐纳二极管交叉耦合对。阳极接触孔的形状类似于四叶草，使得无须在接触孔上叠加通孔就可以通过引线互连阴极。4个单独的齐纳二极管共用隔离岛可以减少它们之间的隔离。隔离岛将齐纳二极管与衬底隔离，但是因为不会导通较大的电流，所以隔离岛不包括NBL和深N+区。

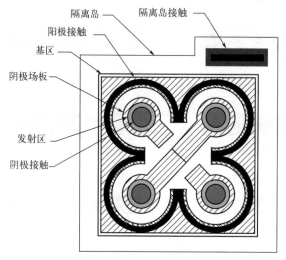

图9-7　交叉耦合发射结齐纳二极管的四叶草结构版图

即使是图9-7这样经过精心设计的四叶草版图也可能无法使表面齐纳二极管精确匹配，因为这些器件易受齐纳二极管蠕变的影响。蠕变的程度取决于通过器件的总电荷数、加在上层氧化层的电场大小和方向以及在氧化层中可动离子的浓度。图9-7所示发射极金属连线通过界表面。这种金属连线的功能类似于场板，可以确保施加在每个齐纳二极管结上的电压相等。对于发射结上覆盖的场板应考虑到对版误差、横向扩散以及边缘电场等情况，超出5～8μm通常就足够了。场板不能阻止齐纳二极管的蠕变，但是有助于减小这种变化。埋层齐纳二极管的匹配更好一些，因为它们不会出现齐纳蠕变现象。

9.3.3　肖特基二极管匹配

类似于齐纳二极管，肖特基二极管也很难匹配。肖特基势垒的特性取决于几个因素，包括金属组成、硅掺杂、边缘效应、退火条件以及是否存在表面污染物等。其中的大部分因素都很难控制，因此肖特基二极管通常表现出比结型二极管更加严重的失配。

匹配肖特基二极管应该采用扩散保护环而不是场板，因为场板结构通常会出现漏电流，从而影响小电流匹配。接触孔应该有大的面积-周长比以减小由于线宽变化所造成的失配。如果可能，二极管应该包含NBL和深N+区以减小不与肖特基接触直接相关的那部分阴极电阻。如果使用了NBL和深N+，几个匹配肖特基二极管就可以制作在同一个隔离岛或者阱内。如果没有使用深N+和NBL，那么每个肖特基二极管都应该有各自的阱或隔离岛，并且所有阱或隔离岛的尺寸都应该相同以确保二极管的阴极电阻匹配。比例肖特基二极管通常应由相同的接触单元阵列组成，就像比例NPN晶体管采用的相同发射区单元阵列一样。因为肖特基二极管对于热变化非常敏感，所以它们应该总是采用叉指或者交叉耦合结构版图，其类似于双极型晶体管使用的版图结构。

肖特基二极管将无法与PN结二极管或双极型晶体管可靠地匹配。PN结二极管和肖特基二极管正向导通电压差会因为表面状况的变化、退火时间以及其他因素而略有变化。即使工作在不同电流密度下的两个肖特基二极管之间的电压差也可能因为二极管方程中的非线性因素而取决于工艺条件，这种非线性因素在肖特基二极管中的作用比在结型二极管和双极型晶体管中更为重要。

> **本章小结**
>
> 　　二极管的实质是一个PN结，只要将P型半导体和N型半导体制作在同一块半导体基片上，就能构成二极管。标准双极工艺可以制作性能优异的二极管连接形式，单纯的CMOS工艺提供的二极管种类比较少。本章主要介绍了标准双极工艺中的3种二极管以及CMOS工艺中基本二极管的结构和版图画法，同时对二极管的匹配做了详细说明。

习题

1. 基本二极管的结构是什么？
2. 晶体管如何连接可以构成二极管？
3. 齐纳二极管的版图画法和普通晶体管有什么区别？
4. 不同的二极管的匹配原则是什么？

第10章

特殊处理专题

▶▶ 思维导图

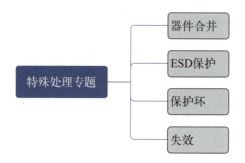

　　集成电路还包含许多特殊的组件，需要特殊处理，包括器件合并、ESD保护、保护环（guardring）以及各种失效机制等等。

　　合并器件在电路图里是以分离的形式出现的，但在版图中是可以合并在一起的。合并不但节省空间，而且在某些情况下也会提高器件的性能。设计者必须在合并器件所带来的益处和可能产生的意料之外的相互影响之间加以权衡。

　　ESD保护电路的设计目的就是要避免工作电路成为ESD的放电通路而遭到损害，保证在任意两芯片引脚之间发生的ESD，都有适合的低阻旁路将ESD电流引入电源线。这个低阻旁路不但要能吸收ESD电流，还要能钳位工作电路的电压，防止工作电路由于电压过载而受损。在电路正常工作时，ESD结构是不工作的，这使ESD保护电路需要有很好的工作稳定性，能在ESD发生时快速响应。在保护电路的同时，ESD结构自身不能被损坏，抗静电结构的副作用（例如输入延迟）必须在可以接受的范围内，并防止抗静电结构发生闩锁。

　　保护环可以防止从一个器件注入的少子影响其他器件的工作。保护环不仅可以防止闩锁效应，还可以阻断干扰低功耗电路正常工作的噪声耦合。

10.1 器件合并

10.1.1 合理合并

在标准双极工艺版图中,占用面积最大的是隔离扩散。多数电路都含有隔离岛连接到同一电位的器件,如果将这些器件放在同一个隔离岛中,可以节省大量面积。图10-1(a)所示是3个并排放置的最小尺寸NPN晶体管,而图10-1(b)所示为同样的3个晶体管合并到同一隔离岛中的版图。这个合并器件的面积约为原先分离放置器件面积的70%。减小集电区接触的尺寸,还可以节省更大的面积。如果这3个器件共用基极连接,那么通过将3个发射区合并到同一基区内甚至可以节省更多的空间,如图10-2所示。

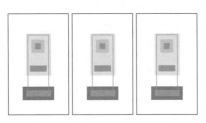
(a) 3个分离放置的NPN晶体管版图

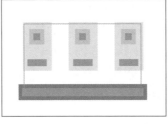
(b) 3个NPN晶体管合并到一起的版图

图10-1　3个NPN晶体管分离、合并时的版图

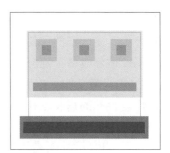

图10-2　3个发射区合并到同一基区的版图

在CMOS和BiCMOS工艺中,占用面积最大的是隔离阱(或阱)。把器件合并到相同的阱中同样可以节省很大的芯片面积。当设计中含有大量微小器件时更是如此。例如,PMOS晶体管,如果在电路中它们的衬底连在一起,则可以合并阱,如图10-3所示。

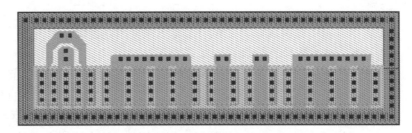

图10-3　同衬底PMOS晶体管合并阱

10.1.2 风险合并

■ (1) 低风险合并

一些器件合并比较容易实现且风险很低。任何情况下都应采用这些器件,因为它们所带来的好处远远大于其缺点。低风险合并的实例概括如下。

① 单个匹配器件的多个部分。匹配器件经常由多个部分串联或并联组成。这些部分通常共享隔离岛或阱,有时它们也可以共享其他扩散区。例如,一个匹配NPN晶体管由同一隔离岛内占据同一基区的多个发射区组成。与传统版图相比,合并版图的紧凑性减小了其对

梯度的敏感性。另一方面，在构造这些合并器件时，必须小心。合并在同一隔离岛中的部分会受到隔离岛调制的影响。占据同一基区的多个NPN发射区必须相互远离以保证各自的发射结耗尽区不会接触。

② 功率器件的多个部分。功率器件经常由多个部分或指状结构组成。这些指状结构通常共享隔离岛，也可以共享其他扩散区。例如，功率NPN通常由同一个隔离岛内占据同一基区的多个指状发射区组成。合并功率器件更加紧凑，但这并不总是人们希望的特性。如果器件消耗过大的功率，那么更松散的结构实际上可以降低该器件内的峰值温度。一些双极型功率管使基区和条状深N+区构成叉指状结构，从而使功耗分散在更大的面积上并且降低集电极电阻。

③ 读出晶体管和与之相关的功率晶体管。有时功率晶体管会有一个与之相关的读出晶体管。流过读出晶体管的电流小于流过功率晶体管电流并与之成一定比例。尽管存在大的热梯度，但读出晶体管和功率晶体管必须十分精确地匹配。理想情况下，读出晶体管应该包含两个相同的部分，放置在通过功率晶体管的对称轴上。每一部分应该位于功率晶体管中心到其外围距离一半的位置，从而使其温度大致匹配于整个功率器件的平均温度。如果读出晶体管不能被分成多个部分，则应该位于其对称轴上的功率晶体管的外围。

④ 肖特基钳位电路和与之相关的NPN晶体管。肖特基钳位NPN晶体管通常会做成合并器件。合并的肖特基钳位可使用晶体管的深N+侧阱，如果有必要，也可使用NPN基区的延伸作为保护环。

⑤ NPN达林顿晶体管。大多数达林顿管是根据功率晶体管要求定制版图。在同一个隔离岛中包含预驱动管和关断电阻，几乎不需要耗费额外的时间和精力设计。

⑥ NPN的基区关断电阻。NPN晶体管通常需要基极关断电阻。如果这些电阻是P型扩散器件，那么它们和相关NPN晶体管可以共享隔离岛。如果基极关断电阻连接衬底电势，那么只需将电阻移出并设置在隔离区。该技术节省了一个电阻端头所需的面积，但是衬底接触应位于电阻附近，以减小去偏置。

■ （2）中风险合并

另一种类型的合并很容易实现，并且可以节省大量面积，但这些合并并非没有风险。这些风险通常不难避免。中度风险器件合并的实例如下。

① MOS晶体管共阱。设计人员通常把MOS晶体管合并到同一阱中以节省面积。由于这种方法广泛传播，以至于数字设计人员通常会随意使用。实际上，这样的合并也会带来一些风险，因为无论合并器件是在同一个阱中还是在外延层中，其源/漏区都会发生交叉注入。发生的问题通常是由连接到非电源或低引脚的输出晶体管的源/漏区引起的。在这样的引脚上，由外部引入的瞬态变化能够使源/漏区相对于背栅正偏。所有输出晶体管要求有各自的少子保护环。如果可能，输出晶体管不应该与没有连接在相同引脚上的其他晶体管合并。例如，N阱CMOS工艺中的输出PMOS晶体管应该占据独立的阱。另一方面，与非门的两支PMOS晶体管由于连接到同一输出，因此能够占据相同的阱。当构造合并晶体管时，如果晶体管正偏，那么设计者应该尽可能多地构造背栅极接触以减小去偏置。如果工艺中包含合适的埋层，那么阱内要包含尽可能大的埋层面积。随着阱尺寸及其所包含的晶体管数量的增加，阱接触变得更加重要。非常大的MOS晶体管通常要求具有集成背栅接触。

某些电路包含在通常工作情况下相对于背栅正偏的MOS晶体管。例如，某些电荷泵包含在启动过程中正偏的器件。由于这些器件不一定连到引脚，所以也不易识别。电路设计者应该清楚地辨别这些器件，从而使版图设计师可以通过使用保护环和分离的阱来保护它们。

② 公共隔离岛中的扩散电阻。为了节省空间，扩散电阻通常被并入同一隔离岛中。这种方法可制作结构紧凑且不易受应力和热失配影响的电阻阵列。只要电阻中没有相对于隔离岛正偏的电阻，那么合并电阻间就不会发生交叉注入。但如果有任何一个电阻连接到引脚，就会出现问题。这样的电阻应该各自独立占据隔离岛，而且如果所采用的工艺容易发生闩锁效应或者易于在正常工作过程中出现瞬变，那么它们可能还需要保护环。如果某些电路中的一个或多个电阻工作在可能引发少子生成的去偏置条件下，则电路设计者应该清楚标明每一个这样的电阻以便将其安排到单独的隔离岛中并采用所需的保护环结构。版图设计者还应该注意对噪声敏感电阻和传送高频信号器件的合并，因为这可能引发电容耦合。如果不确定，则应采用分离的隔离岛。

③ 横向PNP晶体管。共享相同的基极连接的横向PNP晶体管能够放置在相同的隔离岛中。许多双极的设计广泛使用横向PNP合并。只要合并晶体管中没有一支饱和，它们的集电极就可以作为P型棒以使其彼此隔离。P型棒和N型棒至少能够部分地阻断相邻横向PNP之间的交叉注入。但最安全的方案是将饱和晶体管放在单独的隔离岛中。

④ 分裂集电极横向PNP晶体管。分裂集电极横向PNP晶体管是一种合并横向PNP。单个分裂集电极横向PNP晶体管可以作为几个普通的横向晶体管使用，从而节省了很大面积。只要没有一个集电极饱和，空穴就不会在分裂器件的各部分之间运动。分裂集电极中任何一个发生饱和都会引起流过其他集电极的电流增加。目前还没有办法可阻止分裂集电极晶体管中的交叉注入，除非用单个晶体管替代有问题的分裂集电极器件。

⑤ 齐纳二极管。只要隔离岛电压总是等于或超过齐纳二极管阴极上的电压，发射结齐纳二极管就可以和其他器件共享一个隔离岛。该条件确保寄生NPN晶体管不会导通。串联齐纳二极管也可共用偏压等于或超过齐纳二极管串阴极端电压的隔离岛。

10.2 ESD保护

在集成电路中，二极管的一个有用的特性是静电放电（ESD）保护。集成电路与外部的接口必然伴随静电问题。外部环境或芯片内部积累的大量静电电荷瞬间通过引脚进入或流出芯片内部，此瞬态电流峰值可达到数安培，足以造成PN结击穿、金属熔断、栅氧化层击穿等不可恢复性损伤。

导致静电放电现象的一种常见情况是用手去拿集成电路。对于这个效应，人体可等效为一个几百皮法的电容串联一个几千欧的电阻。根据环境不同，人体等效电容的电压可以从几百伏到几千伏。这样，如果人体触到芯片的引脚，芯片就很容易毁坏。所以每一个输入、输出的引脚都需要ESD保护。

ESD造成的损伤一般有两种：热损伤和电击穿。

■ （1）热损伤

由于ESD高电流密度产生的能量消耗很大，因此金属或晶格温度升高直至器件损坏，造成的伤害主要集中在通孔、扩散电阻、多晶硅电阻和金属连接。

■ （2）电击穿

① 当栅电场强度超过10⁷V/cm时（例如，100Å厚的氧化层对应电压为10V），栅氧化层就会被击穿。

② 如果源/漏结二极管流过大电流，不管是正偏还是反偏，二极管都会烧毁，使源/漏与衬底短路。对于短沟道器件，这两种现象都有可能发生。

10.2.1 ESD结构

对ESD保护器件的要求：

① 当ESD现象没有发生时，ESD保护器件不能影响芯片内部电路正常使用。

② 在发生ESD现象时，ESD保护器件要能及时提供一个低阻通道泄放ESD大电流，从而将PAD（焊点）的电压维持在一个较低的水平，以避免内部器件损坏。

正向导通和反向击穿状态的二极管均可作为ESD保护器件。下面对二者进行对比：

① 电流方面：正向导通二极管能够承受更大的电流，反向击穿二极管承受电流的能力偏小。

② 导通电阻：正向导通二极管的导通电阻远远小于反向击穿二极管的导通电阻。

③ 反向击穿下的二极管产生的热量远远大于正向的。

图10-4所示是一种二极管和电阻组成的保护电路，它能将输入电压幅度钳位在GND和V_{DD}之间的电平，从而限制加在电路上的电压。

① 当从PAD输入的电压超过V_{DD}时，上面的二极管VD_1导通，输入电压被钳位在$V_{DD}+V_d$的电平（V_d为二极管的正向压降，约等于0.7V）；

② 当输入电压低于V_{SS}时，下面的二极管VD_2导通，输入电压被钳位于$-(V_{SS}+V_d)$，因此，加到内部集成电路输入端的电压范围为$-(V_{SS}+0.7V) \sim V_{DD}+0.7V$，这对CMOS集成电路的输入端来说是很安全的电压。电路中的电阻R是限流电阻，其阻值为200Ω～3kΩ，一般是不能缺少的，它可以避免当外部流进大电流时烧毁二极管。

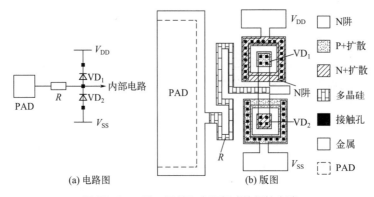

图10-4 一种二极管和电阻组成的保护电路

上述电路图的版图结构如图10-4（b）所示，钳位二极管采用在P型衬底中注入N+且在N阱中注入P+来形成，二极管D_1制作在N阱内，它的阳极和D_2的阴极以及多晶硅电阻的一端相连，D_1的阴极为N阱，通过N+隔离环接到电源V_{DD}；二极管D_2制作在P型衬底上，它的阳极通过P+隔离环接V_{SS}。因为没有多晶硅跨越，P+隔离环和N+隔离环都是封闭的。限流电阻R可以用多晶硅电阻或扩散电阻，图中多晶硅电阻做成S形。图中版图做了简化，采用P+扩散有源区和P+注入进行逻辑与运算的图形，用N+扩散代替有源区和N+注入进行逻辑与的图形，这样处理后二极管D_1和D_2的版图就比较容易看清了。

另一种常用的静电放电保护电路如图10-5所示，分别由一个PMOS管和一个NMOS管组成，这样连接的MOS管等效于一个二极管，如图10-5（b）所示，因此这种保护电路和图10-5（a）基本上是相同的，只是缺少限流电阻而已。图中10-5（a）中的PMOS管和NMOS管都做成W/L很大的器件，使二极管的面积比较大，能够流过很大的瞬时电流，真正起到静电放电保护作用。在图10-5（c）的版图中，无论PMOS管还是NMOS管都只利用了漏和衬底所形成的二极管，因此在MOS管的叉指形版图当中，漏区的面积画得很大，可以确保二极管流过较大的电流。

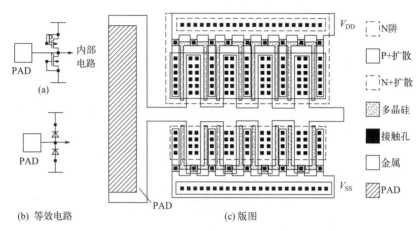

图10-5　另一种常用的静电放电保护电路

10.2.2　ESD种类

■（1）衬底ESD二极管

在P型衬底上做N型掺杂形成ESD二极管结构，如图10-6所示。

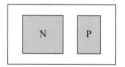

图10-6　衬底ESD二极管

为了尽可能多地泄放流入或流出二极管的能量，可以将二极管画成环形结构，如图10-7所示。用环形的P接触围绕N接触，这确保了各个方向上释放的能量可以在尽可能短的时间内被收集，确保了在各个方向上都存在电流通路。

当环形二极管遭到高压冲击时，能量从N接触处进入，因为有P环包围N输入，所以高压静电的能量就有很多方向可以传输。这就是环形结构的优点——可以有许多通路让能量离开芯片。在P型衬底上做N型掺杂形成ESD二极管的结构被普遍地用于ESD保护。其典型应用是形成从输入到负电源的保护通路。

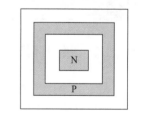

图10-7　环形二极管结构

■（2）N阱ESD二极管

利用N阱可以制作N阱ESD二极管，如图10-8所示。

N阱二极管的典型应用是形成从输入到正电源的保护通路。

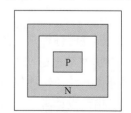

图10-8　N阱ESD二极管

第10章　特殊处理专题 ◀ 135

每个输入和输出的引脚都需要ESD保护。谁也不知道拿起芯片时会碰到哪个部分——边角，中间，还是侧面？因此，一个受到很好保护的芯片在每一个引脚上都会有一种ESD保护。

- **（3）圆形版图结构二极管**

因为高电压集中到一点时会像突然出现的尖峰，若使用正方形版图设计ESD二极管，那些电荷集中的拐角就存在电压剧增的危险。可以使用圆形结构的版图以防止高电压和电流破坏二极管，如图10-9所示。

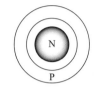

图10-9　圆形版图结构二极管

一些版图工具不能画出真正的圆，数学计算限制了软件性能。当需要一个圆的时候，可以画一个在允许范围内最接近的方形来代替圆。

- **（4）梳状结构的二极管版图**

在一些ESD和变容二极管中，可以看到一种梳状结构的二极管版图，如图10-10所示。它和前面讨论的细长CMOS晶体管版图很相似。可以将又长又细的二极管分割成单独的小块，然后把它们排列起来并用导线并联。分裂二极管可以降低电阻，同时又不改变芯片的实际特性，这就提供了一种更易控制的、更紧凑的版图设计。

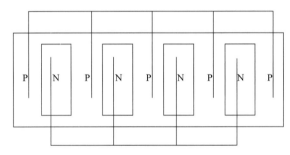

图10-10　梳状结构的二极管

10.3　保护环

10.3.1　保护环作用

在所有困扰集成电路设计的失效类型中，没有比闩锁更让人感到烦恼和难以捉摸的了。在一个电路中，工作正常的器件加入到另一个电路时就会发生闩锁。有时一个器件可以在发生闩锁前正常工作几百到几千小时，仿真几乎不会发现闩锁问题，大多数类型的测试也不会发现。

器件闩锁最常见的原因是外部的瞬变使器件引脚的电压超过电源电压或低于GND电压，此类瞬变常见的来源包括低度的ESD现象，瞬时电源干扰，继电器、电机和螺线管的感应回冲以及快速转换信号的感应尖峰。适当的电路板级设计可以减小（但是不能消除）这些瞬变。电路设计者必须保证他们的设计可以承受至少中等水平的瞬态注入而不会发生闩锁或其他故障。

电源引脚和衬底连接极少触发闩锁，但是其他引脚（包括没有连接衬底的地引脚）能够引起这一问题。设计者应该从这样的引脚追踪电路中的每一条导线以确定其是否与扩散区相连。当引脚电压超过电源或低于地时，每一个直接与引脚相连的扩散区都可以注入少子。通过淀积电阻与引脚相连的扩散区在串联电阻小于 $50k\Omega$ 时也需要考虑。大阻值沉淀电阻大大减小了注入电流，从而使它们不再成为重要的威胁。

可以把每个易于受损的扩散区（或器件）包围在一个合适的少子保护环内来抑制闩锁。连接到公共引脚的多个扩散区可以共享保护环。设置在管芯外围的ESD器件通常共享同一个保护环，从而将管芯的核与ESD器件和焊点隔离开。许多早期的标准双极设计省略了对部分或全部引脚的保护环，而新近的设计不应该沿袭这种做法。

10.3.2 保护环种类

- **（1）标准双极电子保护环**

连接到器件引脚的隔离岛都可以向衬底注入电子。标准双极工艺没有包含构造阻挡电子的保护环所必需的层，然而这种工艺支持构造收集电子保护环（ECGR）。可以证明图 10-11（a）中的结构是标准双极工艺可以构造的最好的电子保护环，它由隔离岛内 NBL 和发射区扩大的条状深 N+ 区组成。这种扩散方式的组合形成了最深的保护环，因此可以收集最高比例的电子。深 N+ 区的存在也有助于防止欧姆去偏置。理想情况下，保护环应该接到最高电源电位，使耗尽区尽可能地深入衬底一侧。此类保护环如果连接到地也可工作，但是接地保护环更容易去偏置。接地保护环有时用来减小少子注入引起的功耗，有时在大电流电路设计中应该注意这种情况。如果接地保护环用于降低功耗，可以用连接电源与放置在接地保护环外面的第二个保护环加以补充，这个保护环在接地保护环饱和时可以提供保护作用。

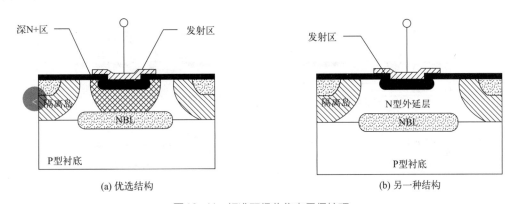

图 10-11 标准双极收集电子保护环

有时可以利用连接到电源电压的邻近隔离岛。如果这些隔离岛放置在少子注入点和邻近敏感电路之间，则会成为十分有效的保护环。用于这个目的的所有隔离岛应该包含尽量大的 NBL，并且应使用深 N+ 侧阱来减小去偏置。利用邻近效应将收集电子保护环设置在少子注入源旁边会提高效率。

如果没有深 N+ 区，则可以使用图 10-11（b）所示的保护环结构。外延层的纵向电阻将 NBL 与发射区分隔开，使这种保护环极易受到欧姆去偏置的影响。只要这种结构连接到电源电压，就仍然有效，而连接到地就几乎无效了。

标准双极工艺的电子保护环只是基本有效，而且会消耗大量的管芯面积，大多数设计者会省略这些保护环以节省面积，转而依靠增大间距和放置一些空穴保护环来防止闩锁。一般来讲，这些方法对于线性电路（例如运放和电压调节器）已经足够了。开关感性负载的器件则是另一个完全不同的问题，因为这些负载在正常工作时可以产生很大的瞬间能量。即使这些瞬态不会引起闩锁，也会向敏感电路注入噪声。高频MOSFET的栅极驱动也会遇到栅导线谐振引起的严重瞬变。MOSFET栅极驱动和感性负载驱动的输出电路必须仔细使用电子保护环屏蔽以减小噪声耦合和闩锁敏感度。

如果工艺包括P+衬底，则电子保护环会更加有效。P+/P−界面会形成电场以捕获P型外延层中的大多数注入电子。少数穿入P+衬底的电子会迅速复合。P+衬底可以形成非常有效的深保护环，其中的一种结构如图10-11（a）所示，特别是当它们被偏置到足够高的电压下时驱动耗尽层向下与P+衬底接触。

■ （2）标准双极空穴保护环

任何P型区都可以向隔离岛注入空穴。空穴保护环可以阻挡这些载流子流向邻近的P型区或隔离岛的侧壁。有两种类型的空穴保护环：收集空穴保护环和阻挡空穴保护环。图10-12（a）显示了一种典型的用于防止空穴到达隔离岛侧壁的收集空穴保护环。NBL的存在可以防止空穴向下流动到衬底，而是驱使它们横向流动。保护环由环绕注入点的反偏基区扩散组成，该扩散区作为横向PNP晶体管的集电区。任何到达包围保护环的耗尽区的空穴都被抽入耗尽区。空穴收集保护环通常接地，使得隔离岛和保护环间的反向偏压最大，从而不仅使耗尽区更加深入隔离岛，而且减小了保护环自身的欧姆去偏置效应。接地的空穴保护环与隔离系统接到同一电势，所以可将其合并以节省面积。收集空穴保护环也可以连到隔离岛电势，但会降低其有效性，而且不会节省很多的空间。

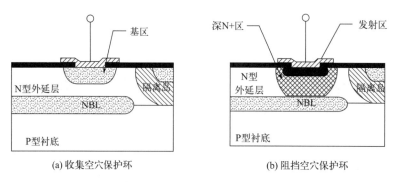

图10-12　标准双极空穴保护环

图10-12（b）显示了一个阻挡空穴保护环的典型实例。此类保护环使用重掺杂N型区包围注入点。N+/N−界面产生了一个电场，成为阻挡空穴通路的屏障。越过这个屏障的大多数空穴在穿越N+区域之前就已经复合。维持复合的电子电流流经接触到达N+区。图10-12（b）中的结构依靠NBL来阻挡空穴的向下流动，深N+区阻挡空穴的横向流动。为了取得最大的效果，阻挡空穴保护环必须没有间隙或孔洞。达到这个目标唯一可行的办法是把注入源用深N+环完全包围起来。部分空穴阻挡环允许很大一部分空穴从任意一端的间隙周围逃逸。在某些工艺中，这些间隙可以通过将深N型棒延伸进入隔离岛两侧的隔离区加以消除。大多数工艺不支持这种结构，因为隔离区/深N+区结有漏电流。对于典型的标准双极工艺，收集空穴和阻挡空

穴保护环的效率都超过了95%，在阻挡空穴保护环内部设置空穴收集保护环的效率超过99%。

标准双极设计几乎不使用空穴保护环，所以这种工艺很少需要它们。标准双极设计很少出现由空穴注入衬底引起的闩锁，这是因为深P+区隔离和器件之间很大的间距都有助于减小寄生SCR的β乘积。只有在超过衬底接触系统容量时，注入衬底的空穴才会成为问题。因为P+隔离扩散的栅格有助于增大衬底接触的有效面积，而P型衬底有助于限制最大注入电流，并且将衬底去偏置限制在管芯相对有限的区域内，所以空穴注入不太可能发生。空穴保护环通常只是用来防止合并器件间的交叉注入。通常将连接到既不是电源又不是衬底的外引脚的P型区放置在独立的隔离岛内进行隔离。这种方法与构造空穴保护环相比需要相同的面积，但花费的精力更少。

■ （3）CMOS和BiCMOS设计中的保护环

已证明CMOS设计比标准双极更容易发生闩锁，部分原因是现代CMOS和BiCMOS工艺的尺寸更小，另一部分原因是隔离系统的不同。CMOS工艺通常用轻掺杂外延层代替标准双极中的纵向P+隔离。轻掺杂增大了通过隔离区形成的横向双极型晶体管的增益，使少子注入更容易触发SCR效应。P型外延层的轻掺杂还使得抽取衬底电流更加困难。大多数此类工艺依靠P+衬底来减小通过衬底发生闩锁的可能性，但是使用保护环阻挡横向导通时必须特别小心。

近来，因为横向间距不断减小，更先进的工艺比早先的工艺更加敏感。为减小阱电阻而引入的退化阱带来了很大的好处，但是现代亚微米CMOS和BiCMOS工艺仍然极易受到闩锁的影响。

图10-13（a）显示了采用CMOS工艺实现的收集电子保护环。这个结构由一个放置在P型外延中包围电子注入源的NMoat环组成。NSD注入相对较浅，因此只可拦截少量载流子。这类保护环依靠阱下面的P+衬底防止少子穿通衬底的沟道绕过保护环。遗憾的是，P+/P-界面电场的存在排斥电子离开衬底并且向邻近的阱横向流动。这种现象使得构造阻止少子注入衬底的真正有效势垒变得十分困难。将NMoat连接电源而不是地，只能获得有限的改善，因为耗尽区增加的深度只会深入一小部分外延层。在低电压CMOS工艺中，NMoat设置在P阱中，保护环应该连接衬底电势而不是电源。低压P阱增加的表面掺杂减小了NSD/P阱耗尽区的宽度，增大了其场强。高电场强度可以引发耗尽区内的雪崩倍增。产生的去偏置实际上增大了保护环的收集效率，但是也可能使管芯其他部分出现问题。对图10-12（a）所示的电子收集保护环增加一个N阱可以增加其深度，从而改善其收集效率。遗憾的是，大多数N阱扩散掺杂很轻，不能收集足够的电流以阻止闩锁。

图10-13（b）显示了采用CMOS工艺实现的收集空穴保护环。该保护环由放置在N阱中围绕空穴注入源的PMoat组成。因为大多数空穴向下流向衬底而不是横向流向保护环，所以此类保护环一般不是非常有效。增大保护环宽度对改善效率没有贡献。退化阱可大大改善收集空穴保护环的效率。实际上，退化阱的重掺杂下部作为理层，N+/N-界面产生一个电场从而将空穴限制在N阱内，所以空穴横向流向保护环而不是纵向流向衬底。

采用CMOS工艺中构造的少子保护环的效率通常非常有限。两种类型的保护环可以互相加强，所以最佳的设计由围绕每一个可能注入少子的器件的收集电子和收集空穴保护环共同组成。因为CMOS逻辑在正常工作时不会注入大量少子，所以如果连接输出引脚的数字器件都有保护环，则可以满足抗闩锁要求。设计者应该检查每个既不连接电源又不连接衬底电势

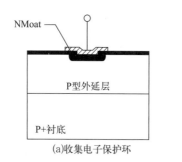 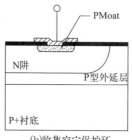

图10-13 N阱CMOS的少子保护环

的引脚。连接此类引脚的每一个源/漏区都需要保护环。即使PMOS管放置在单独的阱中也需要收集空穴保护环。NMOS晶体管需要收集电子保护环。保护环和背栅接触组合应抑制大多数形式的闩锁,但是可能不足以处理与感应回冲和谐振有关的严重的少子注入问题。模拟设计者也必须考虑电路内部节点引起少子注入和闩锁的可能性,这种情况的例子包括连接用作正反馈单元的电容和与电荷泵相关的节点。

模拟BiCMOS工艺通常包括NBL和深N+区。这些层的存在使得可以构造深N+收集电子保护环。对于使用P+衬底的设计,这些保护环特别有效,因为P型外延层/衬底界面的内建电场有助于将电子限制在外延层内。薄外延层P+工艺中的深N+保护环可收集90%或者更多的注入外延层中的电子。

更新的工艺具有的重掺杂N阱区,可能无法在N阱和NBL之间形成足够强的内建电场限制空穴。这个有时称为NBL渗透性的问题已在多种低电压BiCMOS工艺中被观察到。

如果NBL不能有效地阻挡空穴流向衬底,空穴保护环的效率会受到影响。增加一个阻挡空穴保护环实际上可能增大了通过可渗透NBL的衬底注入。这种情况可能是由N阱有效体积的减小所致。阻挡空穴保护环排斥空穴离开其占据的一部分阱,从而将电子集中在剩余部分的阱中。NBL/N阱界面附近空穴浓度的升高增大了载流子向衬底的注入率。这种体积减小效应不应该影响收集空穴保护环,但是可渗透NBL的存在仍然减小了其收集效率。

模拟BiCMOS设计也有过大的衬底电阻。即使设计使用了P+衬底,轻掺杂P型外延层的存在仍使得形成低电阻衬底接触非常困难。即使是相对低水平的衬底注入也可导致明显的衬底去偏置。可以使用空穴保护环阻挡少子到达衬底来防止衬底去偏置。所有的大电流饱和NPN晶体管都应该含有这类保护环以防止衬底去偏置和噪声耦合。

模拟BiCMOS设计有时使用P-衬底来避免生长两层外延层的需要。建立在P-衬底之上的设计更容易发生闩锁,这是因为电子保护环不再从存在于P-/P+界面的电子势垒中受益。如果使用合适的保护环包围每个潜在的少子注入源,许多设计仍然可以使防止瞬变诱发闩锁的能力达到令人满意的水平。即使是最保守的保护环设计也不能处理与感应回冲和谐振有关的严重的少子注入问题。尽管存在与第二次外延淀积相关的额外费用,此类设计可能仍要求使用P+衬底。

电介质隔离工艺也会由于低电压器件制作在同一个隔离岛中导致闩锁,例如,在数字逻辑电路中经常发生这种情况。在可能向共用阱或场区注入的器件周围放置隔离环通常足以防止闩锁。然而,电流可能会流过隔离器件,从而引起没有直接连接引脚的器件发生少子注入。在这种情况下,多个器件可能需要隔离环,或者需要插入一个淀积电阻以减小流过隔离器件的电流大小。

10.4 失效

10.4.1 天线效应

在芯片生产过程中,暴露的金属线或者多晶硅等导体,就像是一根根天线,会收集电荷(如等离子刻蚀产生的带电粒子)导致电位升高。天线越长,收集的电荷也就越多,电压就越高。若这片导体碰巧只接了MOS的栅,那么高电压就可能把薄栅氧化层击穿,使电路失效,这种现象称为"天线效应"。随着工艺技术的发展,栅的尺寸越来越小,金属的层数越来越多,发生天线效应的可能性就越大。

■ (1) 产生机理

在深亚微米集成电路加工工艺中,经常使用一种基于等离子技术的离子刻蚀工艺(plasma etching)。此种技术适应于随着尺寸不断缩小,掩模刻蚀分辨率不断提高的要求。但在蚀刻过程中,会产生游离电荷,当刻蚀导体(金属或多晶硅)的时候,裸露的导体表面就会收集游离电荷。所积累的电荷多少与其暴露在等离子束下的导体面积成正比。如果积累了电荷的导体直接连接到器件的栅极上,就会在多晶硅栅下的薄氧化层形成F-N隧穿电流泄放电荷,当积累的电荷超过一定数量时,这种电流会损伤栅氧化层,从而使器件甚至整个芯片的可靠性和寿命严重降低。在泄放电流作用下,面积比较大的栅受到的损伤较小。因此,天线效应(PAE,Process Antenna Effect),又称为等离子导致栅氧损伤(PID,Plasma Induced gate oxide Damage)。

■ (2) 计算方法

天线效应通常出现在小尺寸的MOS管的栅极与很长的金属连线接在一起的情况下。在刻蚀过程中,这根金属线有可能像一根天线一样收集带电粒子,升高电位,而且可以击穿MOS管的栅氧化层,造成器件的失效。这种失效是不可恢复的。不仅是金属连线,有时多晶硅也可以充当天线。

计算天线效应的算法通常都是用与栅相连的金属线或多晶硅的面积与MOS管栅面积的比值来计算的。可以用下式表示:

$$\omega_a/g_a < \text{ratio}$$

式中,ω_a、g_a分别为连线的面积、栅的面积;ratio是一个与工艺有关的常数。实际中有一种情况:ratio取值为290∶1。当ratio大于这一比值时,我们就认为有可能产生天线效应。

在实际应用中,各个EDA工具的算法是不同的。根据要求和工艺的不同,可以分为Top Most Only、Cu-mulative、Sum三种不同的模式。Top Most Only模式下只考虑顶层金属的有效面积;Cu-mulative模式下则是要分别求出顶层金属和其下层金属的对栅的比值然后求和;Sum模式下则要把顶层金属及其以下所有相连的金属面积求和,再求总的比值。Sum是最保守的算法,太保守就会用掉很多的布线资源,特别是在布线资源很紧张的时候这种算法会带来很多麻烦,一般芯片生产厂家给出的是Top Most Only模式。当然在布线(router)时可以考虑天线效应,以减少对栅极的破坏,但是这是以牺牲布线时间为代价的。

■ （3）消除方法

① 跳线法。又分为"向上跳线"和"向下跳线"两种方式。跳线即断开存在天线效应的金属层，通过通孔连接到其他层（向上跳线法接到天线层的上一层，向下跳线法接到下一层），最后再回到当前层。这种方法通过改变金属布线的层次来解决天线效应，但是同时增加了通孔。由于通孔的电阻很大，会直接影响到芯片的时序和串扰问题，所以在使用此方法时要严格控制布线层次变化和通孔的数量。

在版图设计中，向上跳线法用得较多，此法的原理是：考虑当前金属层对栅极的天线效应时，上一层金属还不存在，通过跳线，减小存在天线效应的导体面积来消除天线效应。现代的多层金属布线工艺，在低层金属里出现天线效应，一般都可采用向上跳线的方法消除。但当最高层出现天线效应时，采用什么方法呢？这就是下面要介绍的另一种消除天线效应的方法了。

② 添加天线器件，给"天线"加上反偏二极管。通过给直接连接到栅的存在天线效应的金属层接上反偏二极管，形成一个电荷泄放回路，累积电荷就不对栅氧化层构成威胁，从而消除了天线效应。当金属层位置有足够空间时，可直接加上二极管，若遇到布线阻碍或金属层位于禁止区域时，就需要通过通孔将金属线延伸到附近有足够空间的地方，插入二极管。

③ 给所有器件的输入端口都加上保护二极管。此法能保证完全消除天线效应，但是会在没有天线效应的金属布线上浪费很多不必要的资源，且使芯片的面积增大数倍，这是VLSI设计不允许出现的。所以这种方法不合理，也是不可取的。

④ 对于上述方法都不能消除的长走线上的PAE，可通过插入缓冲器，切断长线来消除天线效应。

在实际设计中，需要考虑到性能和面积及其他因素的折中要求，常常将消除方法①、②和④结合使用来消除天线效应。

10.4.2 电气过应力损伤

电气过应力（electrical over stress，EOS）是元器件常见的损坏原因，其表现方式是过压或者过流产生大量的热能，使元器件内部温度过高从而损坏元器件（即大家常说的烧坏），是由电气系统中的脉冲导致的一种常见的损害电子器件的方式。电过应力损伤对MOS集成电路可靠性危害很大，轻则导致电路电性能下降，留下隐患，影响电路的长期可靠性，重则可使MOS电路烧毁。

MOS电路的损坏及其功能的失效，大都是由电路引线上的高电压或高功率密度引起的。一个较小的缺陷（如：一个漏电路径）在电路工作时可能导致电流超过所能允许的大小而引起集成电路的严重损坏。产生机理如下。

① 栅氧化层的损坏。

a. 场引入边缘的电击穿（Flashover）。

与带电器件模型和机械模型相对应的ESD将产生这种场引入边缘电击穿的损伤模式。其特点是短时间的高压脉冲放电，脉冲持续时间约0.1ns。这种损伤的位置一般在输入保护结构或与输入相连的栅氧化层边缘和衬底之间，尺寸在0.1～1μm之间。

b. 由温度引入的二次电击穿。

对于人体模型的静电放电，在低的静电电压下，较长时间的电过应力将产生二次电过冲，由于电压较低，故不能产生场引入栅氧化层电击穿，而是产生PN结的热击穿和栅下沟道的温升，从而导致栅上的栅氧化层介质强度减弱。这时所加电压足以引起场引入的栅氧化层的电击穿，称之为"二次效应"。

② PN结的轻微热损伤。

a. 结的热击穿。

当反向电压超过规定值时，就有一个反向电流流过PN结，损耗的功率导致热斑。所产生的温度高低将决定电路的命运。

b. 结的退化。

温度太低不会形成熔化的沟道，但会使晶格结构和掺杂侧面产生损伤，这就导致了极高电阻的PN结漏电（典型值：1MΩ）。

c. 接触孔的热-电迁移，并在Si上形成熔化的沟道。

热击穿以后，通过附加的能量在Si中PN结上方形成一个熔化的沟道，结果形成了一条通向邻近属于导电多晶硅的扩散区（典型值：10kΩ）。

d. 在熔化的沟道中带有一座金耦桥的电-热迁移。

当附加更大能量时，熔化的Al流进熔化沟道，并填充之；凝固后导电的桥就具有阻值$0.1 \sim 1k\Omega$。

e. 在接触孔处尖峰的形成。

在热击穿的情况下（或在正常工作期间），若无Si的熔化，结的长期过应力将引起Al尖峰的产生。

人体模型的静电放电和工作中的电过应力时常伴随着大电流流过，这将损伤金属引线和电阻器。位置一般在集成电路的输入保护结构上。集成电路在工作期间，当电路上存在微小缺陷或寄生结构受外来因素的激发（双极晶体管四层结构、Latch-up等）时，电路将有大电流流过，便会导致集成电路的彻底破坏。其症状表现为：接触孔、扩散区的损坏和金属化通道的烧毁；键合金丝的熔化；封装部分和烧焦等。

本章小结

本章主要介绍了集成电路中的一些专题，如合并、ESD保护、保护环以及失效机制。这些专题对集成电路的设计起着至关重要的作用。

习题

1. 合并的优缺点是什么？
2. 请简述ESD的结构。
3. 保护环的主要作用是什么？请试着画出一种保护环。
4. 天线效应是什么？如何避免？

第 11 章
版图验证

▶▶ 思维导图

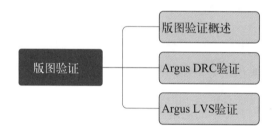

整体版图设计完成后，要将设计的结果交给工艺线进行生产。将版图变成集成电路的过程中，工艺生产线会严格根据所设计的版图进行生产，所以在将版图提交之前，要保证版图的完全正确。通用集成电路目前基本都是以人工设计为主的，而自动版图设计由于电学性能和工艺条件的约束往往不能一次得到满意的结果，常常需要人工修改及补充布线。人工的介入不可避免地会导致一些错误，例如在设计版图时，如果将导线画得太窄，出现大电流就会熔断而发生短路，所以导线的最小宽度必须按照规定的最小宽度来设计。

版图验证是集成电路版图设计的最后一个环节。经过严格的版图验证后，流片的成功率会大大提高。本章介绍版图验证流程和华大九天的验证工具 Argus DRC 和 Argus LVS。

11.1　版图验证概述

版图物理验证是指采用专门的软件工具对版图进行验证，来检查版图设计是否符合设计规则、与电路是否匹配、是否存在短路或断路及悬空节点等问题。

11.1.1 版图验证项目

版图设计要根据一定的设计规则来进行,也就是一定要通过DRC（Design Rule Check）检查。设计完成的版图通过设计规则检查之后,有可能还有错误,但是这些错误不是因为违反设计规则,而是由于可能与实际电路图不一致造成的。例如版图中漏掉一根铝线,这种小毛病对于整个芯片来说是致命的,所以版图还要通过LVS（Layout Versus Schematic）验证。同时,编辑好的版图通过寄生参数提取程序提取出电路的寄生参数,完成ERC（Electrical Rule Check）检查。常规验证的项目还包括LPE（Layout Parasitic Extraction）及PRE（Parasitic Resistance Extraction）。

- （1）DRC（Design Rule Check）：设计规则验证

做版图设计,在画版图之前,都会研究确定该芯片所采用的工艺,然后会拿到一份工艺厂商提供的设计规则,设计规则中提供了工艺所需要的各个版图层次的最小宽度、最小间距及各个层次之间相互重叠、包围的最小尺寸。这是进行版图设计时的依据。设计规则保证了芯片的可制造性,保证了版图中所画的图形在该工艺中都是可实现的,同时也可以保证较高的成品率。因此在版图绘制完成后,首先要使用设计验证软件进行DRC检查。

- （2）LVS（Layout Versus Schematic）：版图与电路图一致性比较

电路图是经过仿真分析的,能够保证功能及性能的正确,但最终是要用设计的版图去制版、流片的。因此只有保证版图中的器件类型、尺寸及连接关系与电路图是完全一致的,才能够保证用版图做出来的芯片有与电路图一样的功能及性能。因此,在版图的DRC检查之后,要进行LVS检查来保证版图与电路图的一致性。它是版图验证的另一个必查项目。

- （3）ERC（Electrical Rule Check）：电学规则验证

ERC检查有时是可选的,因为许多问题用LVS就可以发现,但有些时候ERC还是有一定作用的,比如查电源到地短路、同一根线上标了不同的线名,等等。

- （4）LPE（Layout Parasitic Extraction）：版图寄生参数提取

LPE是根据设计的版图来计算和提取节点的固定电容、二极管的面积和周长、MOS管的栅极尺寸、双极型器件的尺寸等。

- （5）PRE（Parasitic Resistance Extraction）：寄生电阻提取

PRE专门提取寄生电阻,是对LPE的补充,两者相互配合,就能在版图上提取寄生电阻和寄生电容参数,以便进行精确的电路仿真,更准确地反映版图的性能。PRE是在版图中建立导电层来进行寄生电阻提取的。

上述项目中,DRC和LVS是必做项目,其余可选做。而ERC一般在做DRC时同时完成,并不需要单独进行。因此,下面对DRC和LVS的验证方法进行详细介绍。

11.1.2 版图验证工具

■ （1）Dracula

Dracula 是 Cadence 的一个独立的版图验证工具，它采用批处理的工作方式，适用于从小单元到大规模集成电路的所有设计。Dracula 具有运算速度快、功能强大、能验证和提取较大电路的特点，是十几年来集成电路行业较流行的验证软件。

■ （2）Calibre

随着集成电路的设计规模越来越大（例如上百万门的电路），使用 Dracula 工具做版图验证时会遇到一些问题，例如 DRC 运行时间非常长，做 LVS 时编译网表通不过，没法完成 LVS 验证。因此对于全芯片的后端验证，Mentor 公司的 Calibre 越来越受到业界的欢迎。采用 Calibre 工具之后，验证时间大大缩短，同样的设计在以前需要 2～3h 的时间，现在可缩短到 20～30min 完成。

■ （3）Argus

华大九天自带验证工具 Argus，和 Mentor 公司的 Calibre 使用方法很类似，验证时间相对短，使用方便。在现在的 IC 设计流程中，70% 的时间是花费在验证上，验证时间成为产品上市的瓶颈。本书主要介绍华大九天的 Argus 物理验证解决方法，能满足以下设计要求：

① 验证完整性。

物理验证要求必须精确和完整，保证芯片流片成功和良品率。

② 验证时效性。

对全芯片进行 Hierarchy 方式的验证，缩短验证时间，原有验证工具不再满足要求。

③ 工具易用性。

Argus 工具界面友好、使用方便，工程师可以减少在学习工具上花费的不必要时间。

Argus 物理验证工具的特点如下：

a. Argus 层次化验证。Argus 层次化验证，节省了工作时间，提高了效率。在以往 0.8μm/0.6μm/0.35μm 工艺的时代，由于芯片面积不大，使用 Dracula 的 Flatten 模式完全可以满足要求，但在 0.25μm/0.18μm/0.13μm 工艺上，在 SoC 设计验证中，Dracula 工具已经不能支持设计需求，在验证时间上就要远远落后于使用层次化验证的后起之秀 Argus、Calibre 等验证工具。

b. Argus 的图形界面查错功能。Argus 本身就是 Aether 自带的，用户能够直接从 Aether 中调用 Argus 进行工作。应用 Interactive 非常方便而且直观的图形化接口，便于初学者使用。无论是使用交互的 Interactive 模式还是使用命令行模式，都可以在版图工具中直接启动 RVE（Results Viewing Environment）调用检查结果，方便定位错误，并且能够快速找出出错的原因。

c. 方便检查 Open、Short。不论是全定制版图还是自动布局布线产生的版图，由于人为或工具的因素，电路的断路（Open）和短路（Short）是时常发生的，而这两种情况检查起来比较麻烦，尤其是电源和地线的短路，一般工具很难定位。Argus 提供了一种方式，专门检查大的节点之间的短路，特别是对全局节点电源和地的短路非常有意义：可以通过定义电源和地或其他节点的 label（标识），并且在 LVS 选项中选中它们，之后做 LVS 检查；如果的确短路了，那么就会产生Short的Database（数据库），在RVE中打开Database，就可以在版图中方便地定位短路的位置。

d. 其他。Argus有多种比较方式可选，如LVL（Layout VS Layout）、NVN（Netlist VS Netlist）都是很实用的方法。LVL是对两个已知的版图进行层次的比对，这一点对芯片改版检查很有帮助。而NVN是对两个已知的网表作比对。另外，Argus还可以快速准确地完成天线检查，发现问题后，启动RVE迅速定位。

下面主要介绍Argus的DRC验证和LVS验证过程。

11.2 Argus DRC验证

11.2.1 Argus DRC验证简介

Argus DRC用于版图的设计规则检查，具有高效能、高容量和高精度，还具有足够的弹性，即便在系统芯片包含设计方法、规则及加工工艺差异极大的数模混合电路情况下，也可以方便地同时进行验证。Argus具有很多方便的验证选项，让验证工程师能够最快、最方便、最准确地进行错误查找和改错。主要表现在以下几个方面。

- （1）层次化检查

采用Argus层次化的引擎进行检查，不仅可以大大提高效率，还可以避免错误的重复输出。比如同一子单元被复用100次，如果单元包含有一个错误，则应该输出100个错误。而采用层次化引擎，对重复的单元只需要检查一次，输出的错误也是一个，可以大大提高验证的速度并加快改错，还可以降低硬件的资源消耗。

- （2）直接进行Layout数据的转换

如果在版图工具中调用Argus，Argus可以通过接口首先将版图转换为GDS格式，然后进行DRC检查，不需要再单独手动输出GDS数据。

- （3）特定区域局部检查

在Layout中可以任意选择需要检查的区域，则只对这个区域进行DRC检查。由于局部修改并未对整体产生影响，所以可以选定修改后的区域针对性地进行DRC检查，提高改错、重新验证的效率；也可以只检查某些子单元或屏蔽某些子单元和区域的检查。

- （4）规划分组和选定

在规则文件中通常会对相应的检查分组，任意指定需要检查的规则或组，省去不必要的检查。

- （5）多线程

采用多线程，将版图数据的验证任务分配到工作站或网络中的多个CPU同时进行，因此能够成倍地提高速度，对于超大规模的设计验证是一个很好的选项。

■ (6) DFM检查

Argus DRC还可以进行部分DFM的检查,比如天线效应检查、金属密度检查,并且可以进行金属密度的填充,有效解决加工工艺所引起的问题,提高设计的良品率。Argus DRC还可以进行LVL,比较设计不同版本的差异。

11.2.2 Argus DRC验证步骤

下面以反相器为例,介绍用Argus对版图进行DRC检查的步骤,并对检查结果进行分析。图11-1、图11-2所示分别为反相器的电路图和版图,是用华大九天0.18μm设计规则设计的版图。

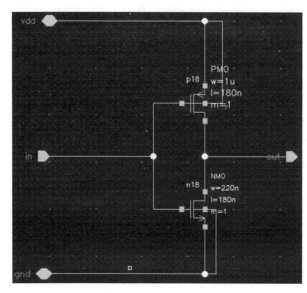

图11-1 反相器电路图　　　　图11-2 反相器版图

用Argus运行DRC的步骤如下。

① 在反相器版图界面中,菜单栏中单击Verify → Argus → Run Argus DRC…,如图11-3所示,启动Argus Interactive-DRC,如图11-4所示。

首先看Rules窗口,其中文件基本都会自动添加。我们关心的有两条:Run Directory和

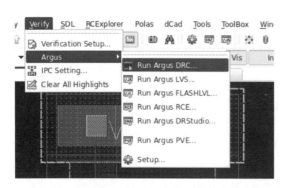

图11-3 启动Argus DRC

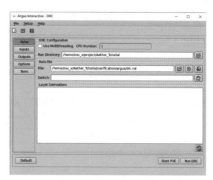

图11-4 Argus Interactive-DRC对话框

Rule File。Run Directory添加的是跑DRC的路径。Rule File添加的是DRC文件，点击对应的右边的文件夹图标，选择合适的DRC文件。一般DRC、LVS文件都是给定的，不需要自己编写。

Inputs窗口如图11-5所示，也是自动添加的。确认库名、文件名即可。

在Inputs窗口中，核对系统默认的版图是否是需要验证的版图，将Export from layout viewer打钩，自动转出版图.gds文件，如图11-5所示。

再点击Outputs选项，确认输出文件名字，如图11-6所示。上述内容基本是系统默认的，验证之前需要确认一下。

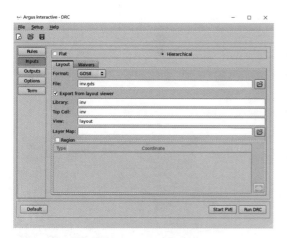

图11-5　DRC-Inputs窗口　　　　图11-6　DRC-Outputs窗口

② 运行。

运行DRC检查后，会弹出两个文件，其中一个是inv.drc.sum，对版图进行DRC检查后的结果进行总结，如图11-7所示。还有一个文件是显示DRC检查后的具体错误报告，如图11-8所示。

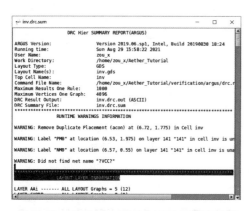
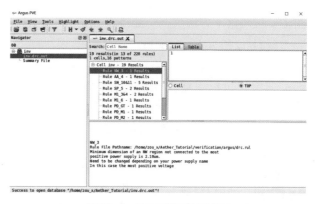

图11-7　DRC Hier SUMMARY REPORT　　　　图11-8　DRC验证结果窗口

11.2.3　Argus DRC验证具体修改方法

在弹出的窗口中，有一部分Results为0的绿色Rule，表示的是无错误的设计规则条目，如图11-9所示。

由于这些部分不需要改正，所以可以隐藏。隐藏方法是：在View中将Show Empty Rule前的对号去掉，只显示有错误的报告条目，如图11-10所示。报告条目中的"Rule PD-*"是密度检查的错误报告，在没有特殊要求的情况下可以忽略。其他的错误条目都需要解决。

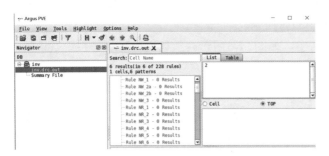

图11-9　无错误设计规则条目窗口

图11-10　隐藏无错误设计规则条目窗口

例如图11-10所示，DRC检查了228条规则，目前还有18个地方没有通过DRC验证。点击错误的条目，下面的信息栏会显示出错误的信息，翻译下面信息栏的设计规则，找出错误所在。此时显示的错误为poly contact到薄氧化层最小距离为0.20μm。双击右面的信息栏中的数字，会在版图窗口中高亮显示错误的地方，如图11-11所示。

如图11-8所示，DRC检查了228条规则，目前还有13个地方没有通过DRC验证。点击错误的条目，下面的信息栏会显示出错误的信息。例如此时的Rule NW_3，表明NW宽度不够2.1μm，双击窗口右侧List选项中的数字，可以在版图中定位错误的位置并加以修改，修改后保存并再跑一遍DRC，按照这个方法直至全部错误改完。

图11-12所示的Rule_PD_××的错误，是上面所说的密度错误。如果生产线没有特殊说明，则类似错误可以忽略。目前还有7个错误没有改正，但是由于它们是密度错误，所以可以忽略。至此，反相器版图已经通过DRC验证。

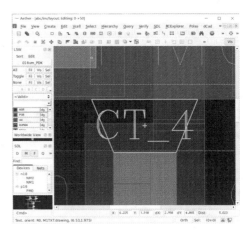

图11-11　在版图中高亮显示错误的地方

图11-12　DRC验证通过

11.3　Argus LVS验证

11.3.1　Argus LVS验证简介

对于大多数版图验证工程师来讲，LVS是个比较头痛的检查，必须在复杂的报告中过滤出有用的信息，才能正确找到错误的节点或器件。而Argus在进行LVS检查时具有良好的性能和查错能力，它可以通过层次化的查错方式更准确地定位错误，并通过版图、原理图、网表之间的良好交互能力帮助设计人员最快、最准确地解决问题。主要表现在以下几点。

- （1）层次化验证

LVS同样采用层次化的验证方法，不仅可以大大提高效率，更可以将错误直接定位在子单元中，缩小错误范围，更容易查错。

- （2）分步骤验证

LVS的过程可以分为两个步骤：首先，从GDS中得到版图的网表；其次，进行版图网表和源网表的比较。Argus可以将这两个步骤分开执行。设计规模足够大时，版图网表的提取会花很多时间，可能是数个小时，而这几乎占用了整个LVS的90%的时间。除了版图之外，LVS的结果还会受很多其他因素的制约，比如OPTION的定义。假如版图没有改动，重新做LVS则只需要第二步就可以了，这样可以大大节省LVS的时间。

- （3）电源和地的短路解决

其他的验证工具生成的报告中会把电源和地所引起的错误罗列出来，不仅数量繁多，不容易排查，而且很难进行错误定位。Argus针对这种现象，设计了电源和地隔离的辅助功能，只需要定义电源和地的text，Argus会从相应的text之间找到最短的路径，通过这个路径就可以很快找到短路点。这个功能可以应用于任何两个节点甚至多个节点。

- （4）IP的检查

现在设计规模越来越大，IP的应用也越来越多。对于IP的检查，Argus可以屏蔽IP内部的比较，只检查IP各个端口连接的正确性，确保IP的正确应用。

11.3.2　Argus LVS验证步骤

下面以反相器为例，介绍用Argus对版图进行LVS检查的步骤，并对检查结果进行分析。用Argus运行LVS的步骤如下：

- （1）在Aether中生成网表文件

① 单击File→Export→Netlist...，如图11-13所示，弹出Export Netlist对话框，Output File中后缀名改为cdl，如图11-14所示。

点击OK，如图11-15所示，图中出现"Successfully exported design abc/inv/schematic"说明成功导出网表文件，网表文件如图11-16所示。

② 此处导出的网表文件主要是用来为稍后的LVS检查做准备，是根据电路图提取的器件、连接关系及参数等。从网表文件中可以看出一些基本信息，如图11-17所示。

其中：

库名：abc；

顶层标准单元名：inv；

视图类型：电路图。

还可以看出器件的类型、连接关系以及参数等，如图11-18所示。

图11-13 生成网表文件 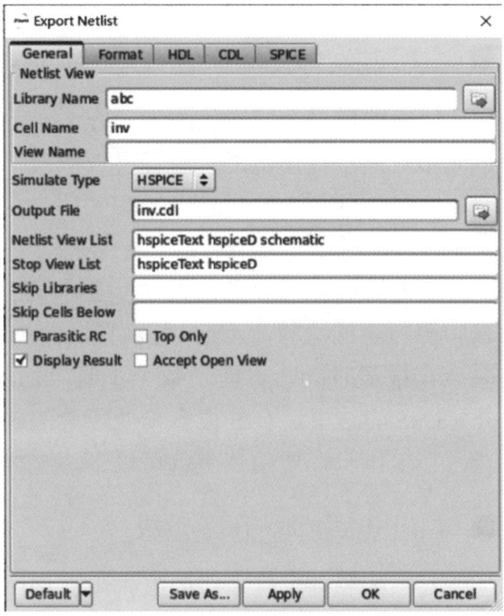　　　　　图11-14 Export Netlist对话框

图11-15 成功导出网表文件

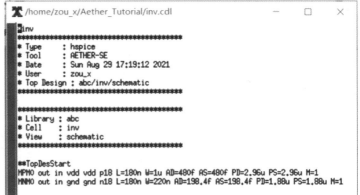

图11-16 网表文件

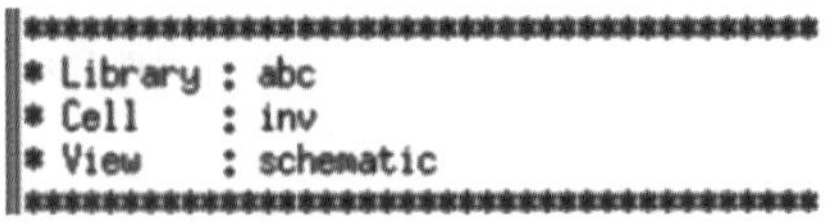

图11-17 网表信息

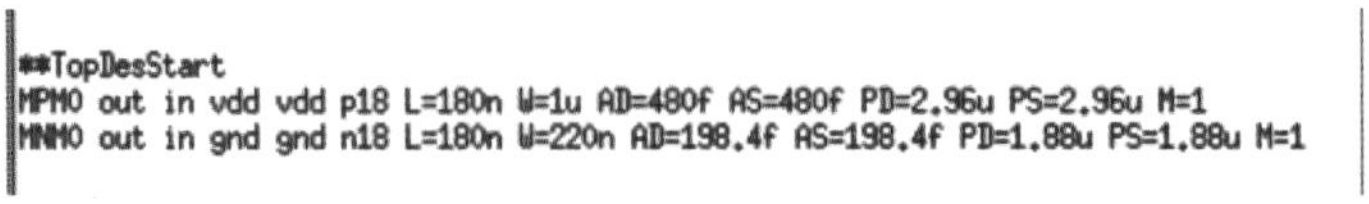

图11-18 网表

器件有NMOS和PMOS管，四个端子分别为漏极、栅极、源极、衬底。

PMOS管的 W 为1μm，L 为0.18μm。

NMOS管的 W 为0.22μm，L 为0.18μm。

■ （2）直接运行LVS

如果文件不大，不需要额外转出网表，Argus内置LVS程序，直接运行LVS即可，步骤如下。

① 添加标识层。在版图中需要添加与电路端口相对应的标识层，运行LVS的时候才能正常识别。版图的标识层名字一定要和电路端口的名字一模一样，层次务必选择LSW中的M*TXT层，并且放置在相应的铝线层上。例如：在M1上做标识，就用M1TXT，放置在M1上；在M2上做标识，就用M2TXT，放置在M2上；依此类推。

② 启动Argus LVS。在绘制版图界面点击Verify→Argus→Run Argus LVS...，如图11-19所示。

启动Argus，弹出Argus Interactive-LVS窗口，点击左边Rules选项，与DRC验证一样，通常都是默认填好的。核对路径选项Run Directory是否正确，再核对LVS文件File是否正确，如图11-20所示。

然后点击Inputs选项，核对系统默认的版图是否是需要验证的版图，将Export from layout viewer打钩，自动转出版图.gds文件，如图11-21所示。

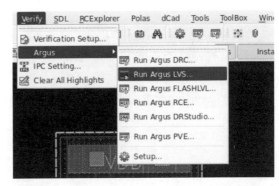

图11-19 启动Argus LVS窗口

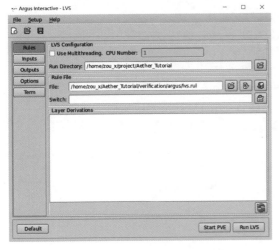

图11-20 LVS-Rules窗口

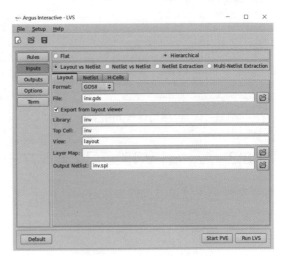

图11-21 LVS-Inputs窗口

点击网表Netlist选项，确认网表名字，将Export from schematic viewer打钩，自动转出网表.cdl文件，如图11-22所示。

再点击Outputs选项，确认输出文件名字，如图11-23所示。

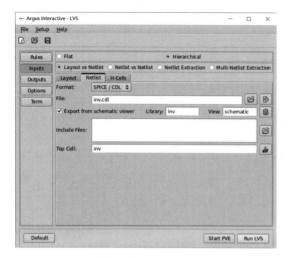

图11-22 网表窗口

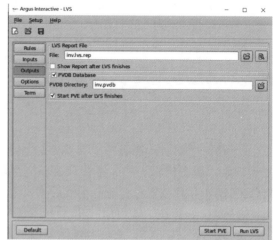

图11-23 LVS-Outputs窗口

上述内容基本是系统默认的，验证之前需要确认一下。

③ 运行。点击Run LVS进行LVS验证，弹出Argus PVE窗口，显示LVS结果，如图11-24所示。

点击Comparison Results，可以看出电路图和版图没有匹配以及详细错误信息，如图11-25所示。

图11-24 LVS验证结果窗口

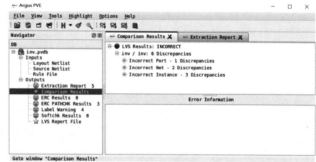

图11-25 LVS验证错误详细信息窗口

11.3.3 Argus LVS验证具体修改方法

通常LVS错误分为四类，分别是Port、Net、Instance和Property，代表的含义分别如下。

Port：端口错误；

Net：连线错误；

Instance：器件错误；

Property：器件参数错误。

端口错误一般是最好解决的，所以先点击Incorrect Port左边的+号，点击Discrepancy的序号，在下面窗口中会显示详细的不匹配信息，如图11-26所示。左边是版图信息，右边是电路信息。

从此条信息可以看出，版图缺了一个端口，电路多了一个端口，也就是在版图中没有加标识层或者没有正确加标识层。双击电路显示信息中的"VIN on net: VIN"中右侧的VIN，定位电路的出错位置，如图11-27所示。然后去寻找版图中缺失的标识层，加上。

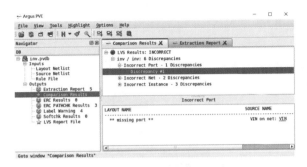

图11-26　Port错误详细信息

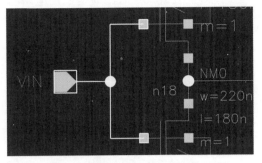

图11-27　定位电路错误详细信息

还有一种可能性是做标识用的层次不正确或者是没有放置在正确的铝线层次上。检查以确保层次正确、位置正确，然后重新跑一遍LVS，直到问题解决。

同DRC一样，定位错误，对比电路图和版图。单击右下角中的管子，可在版图或电路中定位出错的位置，可以对比查看错误，修改直至完全匹配。

Port问题解决后，看Incorrect Instance，依次点击Discrepancy #1等，查看详细错误，如图11-28所示。

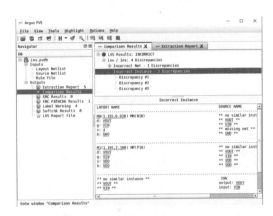

图11-28　Instance错误详细信息

由图11-28所示的详细错误信息，找出错误的地方并改正。例如第一条，由左边的版图信息可以看出，源极S端有问题。双击S端的4，定位版图出问题的地方，如图11-29所示。从定位的版图可以看出，NMOS管的S极线没有接上，改正错误后，重新跑下LVS。发现这个问题解决了，但是又出现了参数问题，点击问题，显示出详细信息，如图11-30所示。

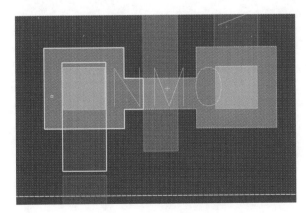

图11-29　定位版图错误详细信息

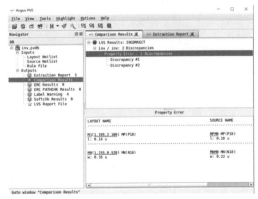

图11-30　参数详细错误信息

如图11-30所示，一共有两个参数错误。

第一条：版图中M1的长度L做的是$0.14\mu m$，电路图做的是$0.18\mu m$。

第二条：版图中M0的宽度W做的是$0.16\mu m$，电路图做的是$0.22\mu m$。

此时需要确认是版图问题还是电路问题。如果是电路问题，在画电路的界面，直接点击q，修改电路参数。如果是版图问题，分别点击M1和M0，定位版图出错位置，修改版图。然后重新跑LVS，直到全部问题解决，如图11-31所示。

点击左边的LVS Report File，显示对号和PASS，就说明LVS无错误，如图11-32所示。

图11-31　LVS验证结果窗口

图11-32　LVS报告窗口

至此，反相器通过LVS验证。对版图进行LVS验证时，就是通过上述过程一步步解决LVS问题。

本章小结

版图后端验证是在版图完成后进行的检验版图是否正确的关键步骤，避免了由于人工设计而出现的错误，是保证集成电路流片成功的重要步骤。本章介绍了集成电路的验证项目和工具，对于最为重要的DRC和LVS，详细介绍了验证步骤和方法。同时讲解了如果出现错误，应该如何定位错误以及如何改正错误。

习题

1. 版图验证包括哪些项目？
2. 版图验证的原因是什么？
3. 什么是DRC验证？
4. DRC验证步骤是什么？
5. 如何定位DRC错误？
6. 什么是LVS验证？
7. LVS验证步骤是什么？
8. 如何定位LVS错误？

第 12 章

后仿真

> 思维导图

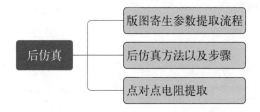

版图设计完成之后,得到的是用版图形式表示的 MOS 集成电路,它是由扩散层、介质层、多晶硅层、碳纳米层以及金属层等多层结构组成的一个复杂系统。随着工艺的不断进步,寄生效应如寄生电阻、寄生电容以及互连延迟对电路带来的性能影响已不容忽视,对深亚微米的集成电路设计尤其需考虑这方面因素的影响。

后仿真指的是版图设计完成以后,将寄生参数代入电路中进行仿真,对电路进行分析,确保电路符合设计要求。后仿真所使用的方法与前仿真并没有什么不同,只是加入寄生参数以及互连延迟。如果后仿真能够获得正确的结果,就可以放心地将版图数据交付给 Foundry 厂流片了。

12.1 版图寄生参数提取流程

- (1)启动 Aether DM

打开要进行后仿真的版图,如图 12-1 所示。

（2）激活RCE界面

在版图界面，点击Verify→Argus→Run Argus RCE...，如图12-2所示，启动Argus Interactive-RCE。点击Rules，在图12-3中的粗线框所示位置填入8，开启多线程。依次填入路径Run Directory、LVS Rule、Table File以及RCE Layer Map文件的位置，均在labs/input_files当中。

点击Outputs，保持Extract Mode和Export Netlist Mode均为R+C+CC，也就是最完整的寄生参数提取方式。其中，R指导线寄生电阻，C指导线和衬底之间的寄生电容，CC指导线和导线之间的couple电容。在最下方View Name处，将DSPF改成小写的dspf。DSPF是最常用的包含寄生参数的后仿真网表格式之一，它可将提取的RC寄生器件和原SPICE网表中的电路器件组合在一起，如图12-4所示。点击Run RCE，等待运行完成后，Term页会报出致谢和结束标识，如图12-5所示。

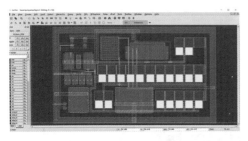

图12-1　做后仿真的版图

图12-2　启动RCE

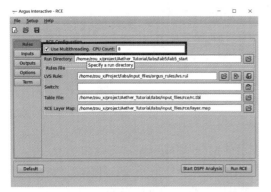

图12-3　Argus Interactive-RCE中Rules窗口

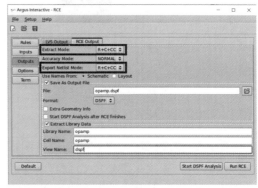

图12-4　Argus Interactive-RCE中Outputs窗口

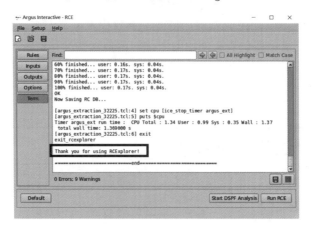

图12-5　Argus Interactive-RCE中Term窗口

打开Design Manager（DM），点击File→Refresh...，如图12-6所示。

观察到opamp中会多出一个名为dspf的View，如图12-7所示。

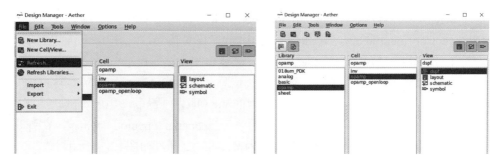

图12-6　刷新窗口　　　　　　　　　图12-7　多出dspf的View

双击打开，可以看到这其实就是一个DSPF类型的网表文本，在其中可以看到R、C和CC的寄生器件信息，如图12-8所示。

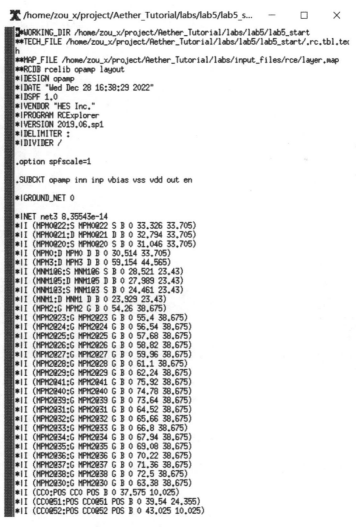

图12-8　DSPF类型的网表文本

12.2 后仿真方法以及步骤

在当前库文件中，新建一个opamp_openloop Cell的Config View，如图12-9所示。点击OK，弹出New Configuration窗口，如图12-10所示，核对信息，点击Template...，弹出Use Template窗口，如图12-11所示。Name（名字）选择RCE，然后点击OK。

生成"New Configuration"窗口，填入相关信息，如图12-12所示，然后点击OK。最后生成如图12-13所示的Config View，opamp使用的View即为刚提取产生的dspf。

关闭Config View的界面，然后从DM中再次双击opamp_openloop/config，在弹出的对话框中，将config和schematic所在两行都勾选为Yes同时打开，如图12-14所示。

图12-9　建立Config View

图12-10　New Configuration窗口（一）

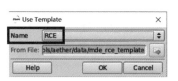

图12-11　Use Template窗口

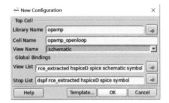

图12-12　New Configuration窗口（二）

图12-13　Config View窗口

图12-14　双击config

点击OK，弹出config窗口，如图12-15所示。

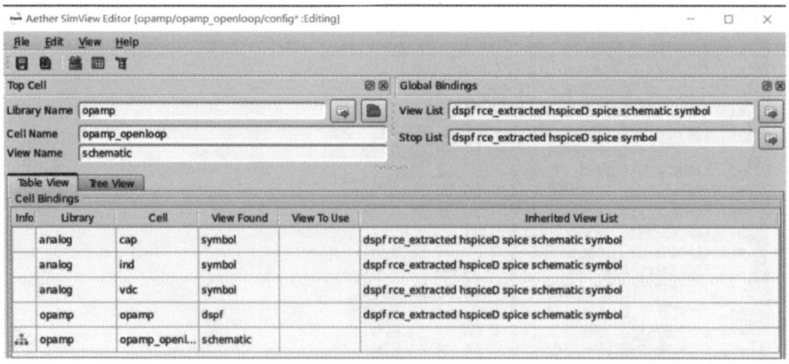

图12-15　config窗口

在电路图界面点击Tools→MDE...，如图12-16所示。启动MDE，点击Session→Load State...，如图12-17所示。

弹出"Load State"窗口，选择Cellview以及之前保存的state1，如图12-18所示。点击OK，弹出仿真界面，直接执行Netlist&Run，如图12-19所示。

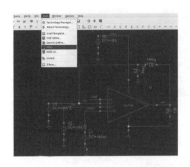

图12-16 启动MDE界面

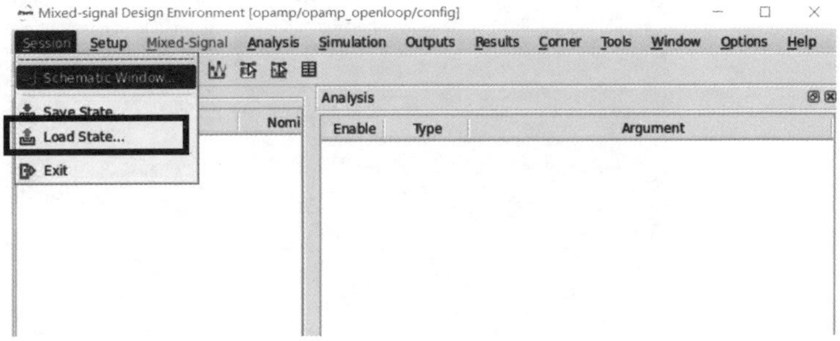

图12-17 MDE界面

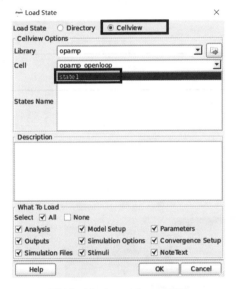

图12-18 Load State界面

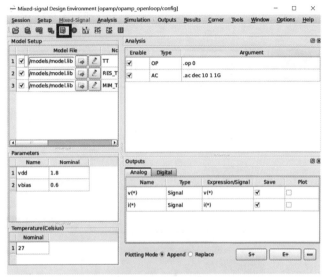

图12-19 仿真界面

在仿真界面，点击Results→Direct Plot→AC dB20&Phase，如图12-20所示。自动弹出iWave波形显示工具，然后到电路图界面中点击out net，可以看到iWave中绘制（plot）出out net的开环增益AC曲线（dB值）和相位AC曲线，如图12-21所示。

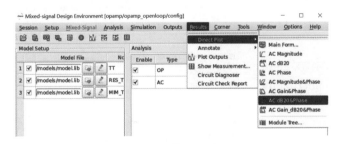

图12-20 打开仿真波形界面

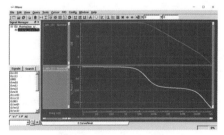

图12-21 iWave界面

在MDE中反标All Voltage的DC信息，如图12-22所示。然后在SE中通过快捷键Shift+E进入到opamp内部的schematic中，可以看到，这里和顶层有连接的net电压被反标出来，而未和顶层连接的net电压则无法实现反标，如图12-23所示，这是因为它们早已在后仿真的dspf中被切成了不同的net，再也不是同一信号了。

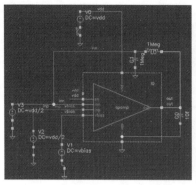 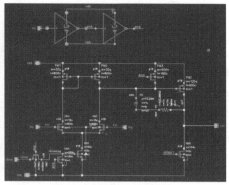

(a)MDE中反标All Voltage的DC信息　　(b)opamp内部的schematic反标

图12-22　信息反标

12.3　点对点电阻提取

在DM中打开opamp/layout，在版图界面点击RCExplorer→RC Setup...，如图12-23所示，打开"RC Setup"对话框。

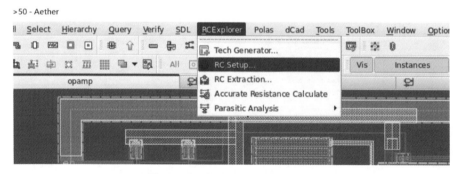

图12-23　打开RC Setup对话框

在该对话框中设置好tf文件、RC Table文件和Layer Map文件的位置，它们均位于labs/input_files/rce目录中，保持其他默认设置，点击OK，如图12-24所示。

随后点击RCExplorer→Parasitic Analysis→Check PointToPoint Resistance，激活Check PointToPoint Resistance命令，如图12-25所示。

在版图中的同一net上，轮流点击两次鼠标，工具将计算出两点之间的寄生电阻值并高亮显示，如图12-26所示。

如果在点击任何一点时，该位置有多层layer重叠，则工具将弹出如图12-27所示的小菜单让用户选择一层layer。

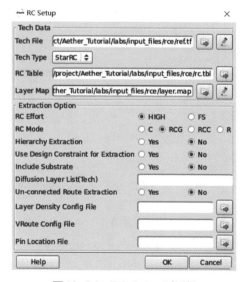

图12-24　RC Setup对话框

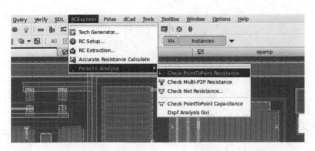
图12-25 激活 Check PointToPoint Resistance

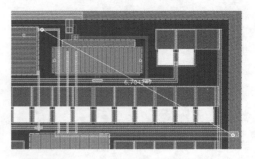
图12-26 计算出两点之间的寄生电阻值

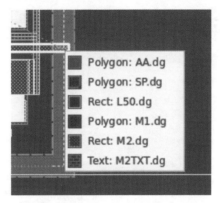
图12-27 多层次选择

本章小结　后仿真是版图设计完成以后，将寄生参数、互连延迟反标到所提取的电路网表中进行仿真，是为了对电路进行分析，尽量降低版图在布局布线中引入的各种寄生参数对集成电路的影响。本章通过举例说明，介绍了后仿真的版图寄生参数的提取流程、后仿真方法、详细步骤以及如何进行点对点的电阻提取。

习题

1. 什么是后仿真？
2. 后仿真的作用是什么？
3. 如何进行版图寄生参数的提取？
4. 如何进行后仿真？
5. 如何进行点对点的电阻提取？
6. 在点对点的电阻提取中，出现多层金属是什么意思？

第 13 章

版图设计实例以及设计技巧

▶▶ 思维导图

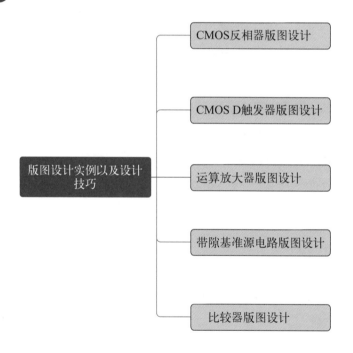

本章采用项目式方法，详细介绍了做项目前如何设置华大九天 Aether 软件环境，以及如何建立库、设计单元，接着依据电路设计原理进行电路设计，再进行版图设计，最后对版图进行 DRC、LVS 验证，旨在帮助读者通过项目的完成来学习并掌握集成电路设计的相关原理和软件。同时，本章通过引入多个实例，介绍版图设计过程中需要考虑的注意事项，可以帮助读者快速理解版图设计的知识以及设计技巧。

13.1 CMOS反相器版图设计

反相器电路是数字电路中最简单也是最常用的单元,它的功能是将输入信号的相位反转180°。比如,输入为0,则输出为1;输入为1,则输出为0。CMOS反相器的静态功耗小,噪声容限大,所以使用最多。

13.1.1 项目创建

■ (1) 软件环境设置

将工艺厂所给的工艺库文件放到项目的文件夹下,可以运用Xftp传输文件,如图13-1所示。

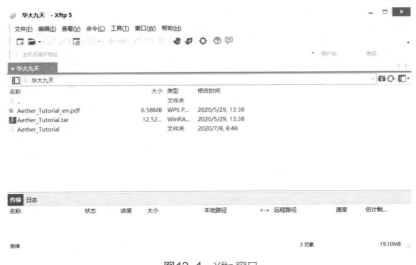

图13-1 Xftp窗口

点击文件→新建窗口或者点击快捷键 **Ctrl+N**,弹出新建会话属性对话框。依次填入名称、主机IP、协议、端口号以及登录方法、用户名和密码等,如图13-2所示。

① 名称:自定义一个连接名;
② 主机IP:连接工作站的IP地址;
③ 协议:选SFTP;
④ 端口号:选22;
⑤ 登录方法:使用用户名、密码登录;
⑥ 用户名:开账户的名字;
⑦ 密码:开账户时设置的密码或者自行修改的密码。

点击确定,显示连接对话框,如图13-3所示,点击连接,将工艺库文件放到项目的文件夹下。

图13-2 Xftp新建会话属性窗口

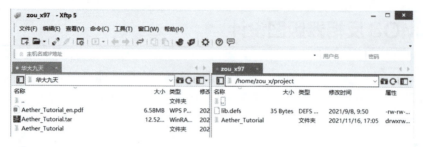

图13-3 Xftp连接对话框

双击Xstart，选择协议类型，填写主机IP地址、用户名以及用户密码等信息，命令行选"2 xterm（Linux）"，如图13-4所示，点击运行，登录服务器。

■ （2）启动Aether

运用进入文件夹命令cd。输入cd project，进入项目文件夹，再输入cd Aether_Tutorial，进入Aether_Tutorial文件夹，最后输入Aether&以启动Aether。

注意：加&的作用是在之后的操作中可以继续在终端输入操作命令，如图13-5所示。

弹出库管理窗口，如图13-6所示。

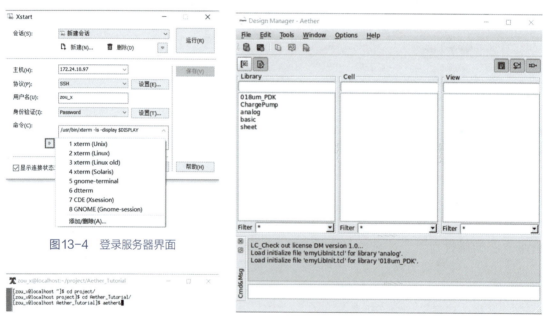

图13-4 登录服务器界面

图13-5 启动Aether窗口

图13-6 Design Manager窗口

■ （3）建立库

一般情况下，每一个设计项目都会对应一个设计库，然后在这个设计库下面创建各个子模块，有利于项目的管理。

步骤：在Design Manager中点击File→New Library...，出现建立新设计库的窗口，填入项目名字，并关联到指定的工艺库。由于本书全部采用华大九天的0.18μm工艺库，所以直接选中018um_PDK，如图13-7所示，点击OK。

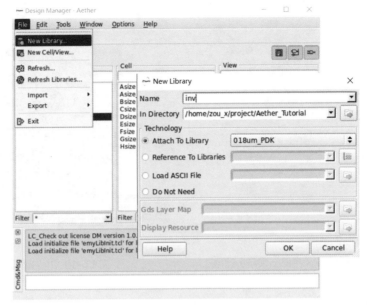

图13-7 建立库窗口

13.1.2 CMOS反相器电路图设计

为了降低静态功耗,集成电路设计中通常使用1个PMOS管和1个NMOS管组成反相器,即CMOS反相器,如图13-8所示。

可以看到,当输入信号为1时,PMOS管截止而NMOS管导通,此时输出电压等于地电位,即输出低电平;当输入信号为0时,PMOS管导通而NMOS管截止,此时输出电压等于电源电压,即输出高电平,反相器的逻辑功能正确。当电路工作时,PMOS管和NMOS管交替导通,从而使得整个电路从VDD到GND一直不通,没有电流流过,从而保证了静态功耗为0。但是由于集成电路都制作在同一片晶圆上,这些器件在制作的同时会产生一些寄生的元器件和电路,所以还要

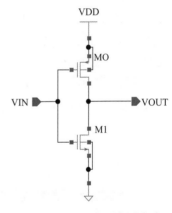

图13-8 CMOS反相器电路

考虑集成电路的寄生效应,必然会存在静态功耗,而不是绝对为0。不过采用CMOS电路已经比纯NMOS电路或者纯PMOS电路大大减小了静态功耗,这是大多数电路采用CMOS电路的原因。

了解反相器工作原理及电路之后,下一步就可以进行原理图绘制了。

■ (1) 建立Cell/View视图文件

设计电路图之前必须建立专门画电路图的视图窗口。

步骤:在Design Manager中先点击Library中的库文件名inv,使之变成蓝色,然后点击File→New Cell/View...,在New Cell/View窗口中,Cell Name处取名为inv,View Type处按下拉菜单选择类型为Schematic,View Name就自动填入schematic,如图13-9所示。点击OK,电路图绘制界面就会弹出,如图13-10所示。

图13-9 New Cell/View（电路图创建）窗口

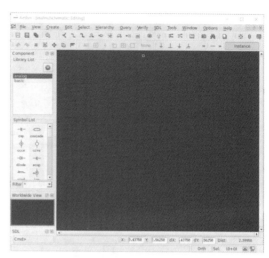

图13-10 电路图绘制窗口

- （2）绘制电路图

步骤如下。

① 添加器件。在电路图绘制窗口按快捷键i，调出创建器件窗口，点击Library Name右边的浏览按钮，弹出Browser窗口，先选择018um_PDK库，再选择Cell名为p18的器件，View选择symbol，如图13-11所示。点击Close，Create Instance窗口就会显示刚才选择的器件特性，如图13-12所示。填入PMOS器件所需的参数，这个参数应该是经过前仿真后确认的。这里假设PMOS管的$L=0.18\mu m$，$W=0.44\mu m$，点击Hide放置器件。以同样方式放置NMOS管。调用管子的过程中没有设置器件参数，后期再想设置器件参数，就选中需要设置参数的管子，然后按快捷键q，更改器件参数。

图13-11 添加电路图器件（浏览器件窗口）

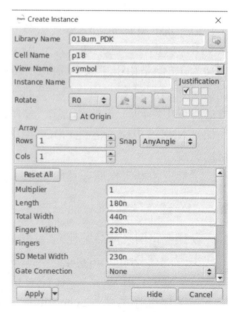

图13-12 添加电路图器件（参数窗口）

② 添加电源VDD和地GND。电源VDD和地GND使用Pin，按快捷键p，调出创建引脚窗口，如图13-13所示。在Pin Names处输入要添加的引脚名，例如：添加电源则填入VDD，因为VDD既不是输入也不是输出，所以Direction处选择InputOutput，点击Hide，会出现一个红色的小图标，放置在器件的上面。以同样方式添加地GND，放置在器件的下面。

图13-13　添加VDD和GND窗口

③ 添加输入、输出Pin。按快捷键p，调出创建引脚窗口，如图13-14所示。

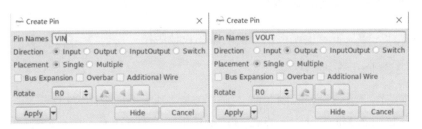

图13-14　创建输入和输出Pin

在Pin Names处输入要添加的引脚名，例如VIN，由于这个引脚是反相器的输入端，所以在Direction处选择Input，其他选项保留默认即可，点击OK，会出现一个红色的小图标，放置于器件的左侧。以同样方法添加VOUT，由于VOUT是反相器的输出端，所以在Direction处选Output，其他选项保留默认，点击OK，将红色小图标放置于器件的右侧。整个图画好后如图13-15（a）所示。

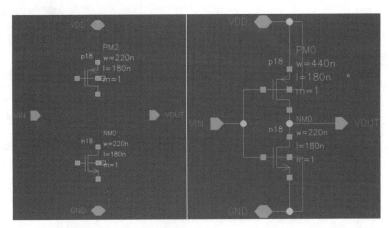

(a) 放置VDD、GND、VIN、VOUT　　　　(b) 连线后的电路图

图13-15　电路图

第13章　版图设计实例以及设计技巧　169

④ 连线。连线有粗线Wide Wire和细线Wire两种。通常情况下，粗线用于系统的总线，细线用于普通连线。这里举例的反相器使用细线连线，可以通过点击快捷键w、在图标栏直接点击图标或者在菜单栏Create里选择Wire三种方式中的任意一种方式连线。需要注意的是，MOS管是四端器件，衬底也需要连线，在这里将衬底和源极连在一起，连线之后的电路图如图13-15（b）所示。

⑤ 检查并保存。点击菜单栏Check and Save进行电路检查，如果弹出Check & Save-Report窗口，说明电路图有错误，根据窗口中的提示修改电路图即可。需要将error（错误）和warning（警告）全部改正；有一种warning无须改正，如图13-16所示，这是由于3条或3条以上交在一个点上。如果没有弹出Check & Save-Report窗口，说明绘制的电路图通过检查并被保存，可以进行下一步操作。

```
Result :
There was 0 error and 1 warning in the design.
Warning(20033):Solder dot on cross over at (0.3125, 0.4375).
```

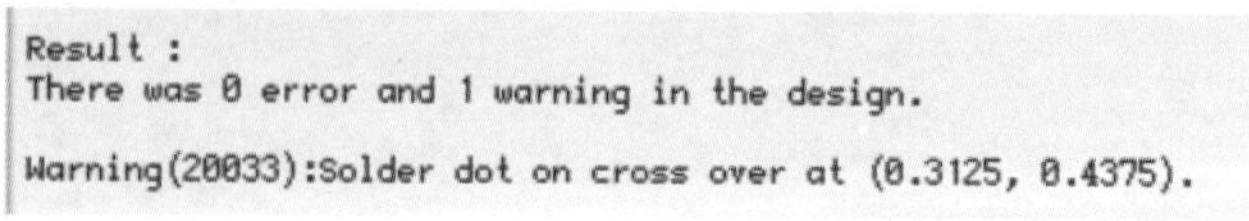

图13-16　无须改正的warning例子

13.1.3　CMOS反相器版图设计

电路图设计完毕，下一步就可以根据电路图设计版图。

■（1）建立Cell/View视图文件

同设计电路图一致，设计版图之前必须建立专门画版图的视图窗口。

步骤：在Design Manager中先点击Library中的库文件名inv，使之变成蓝色，然后点击File→New Cell/View...。在New Cell/View窗口中，Cell Name处取名为inv，View Type处按下拉菜单选择类型为Layout，View Name就自动填入layout，如图13-17所示。点击OK，版图绘制界面就会弹出，如图13-18所示。

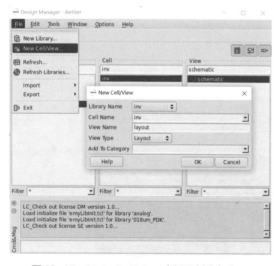

图13-17　New Cell/View（版图创建）窗口

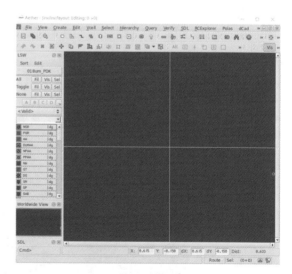

图13-18　版图绘制窗口

■（2）绘制版图

由电路图可知，PMOS管的参数为W=440nm，L=180nm；NMOS管的参数为W=220nm，

L=180nm。

步骤如下。

① 添加器件。在版图绘制窗口按快捷键i，调出创建器件窗口，点击Library Name右边的浏览按钮，弹出Browser窗口，先选择018um_PDK库，再选择Cell名为p18的器件，View选择layout，如图13-19所示。

点击Close，Create Instance窗口就会显示刚才所选择的器件特性，如图13-20所示。填入PMOS器件所需的参数，这个参数应该和电路图参数保持一致，点击Hide放置器件。通常情况下，以同样方式放置NMOS管。调用管子的过程中没有设置器件参数，后期想设置器件参数，就选中需要设置参数的管子后按快捷键q，更改器件版图参数。

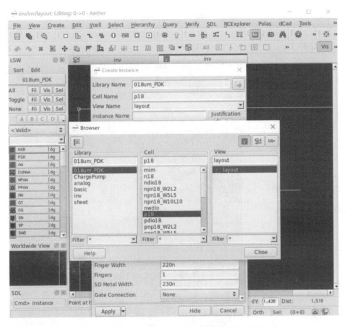

图13-19　添加版图器件（浏览器件窗口）

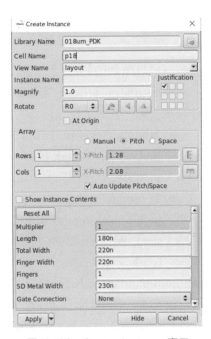

图13-20　Create Instance窗口

调入的器件通常是如图13-21（a）所示的Cell名，可以通过快捷键Shift+F切换成如图13-21（b）所示的显示所有层次，按快捷键Ctrl+F又切换回显示Cell名。

由于调用的器件是工艺库直接提供的，所以器件内部不存在规则不符合的情况。此处需要注意的设计规则是：Minimum space between N-Well edge and N+ AA region which is outside an NW 0.43um。表明：N阱到N阱以外的N+有源区的最小距离为0.43μm。

版图设计，对面积要求比较高，面积应该做到尽量小，所以在设计版图的时候尽量保证最小设计规则。为了之后的连线方便，最好将PMOS管和NMOS管的栅极对齐摆放。

为了使器件容易区分，可以将器件打上label（标识）。具体步骤是：点击快捷键l，出现Create Label窗口，如图13-22所示；在Label处填入管子名字，点击Hide。

目前画出来的版图，无论是PMOS管还是NMOS管都缺少衬底，需要补充完整。PMOS管的衬底是N阱阱接触，是一块N型有源区；NMOS管的衬底是一块P型有源区，四端补充

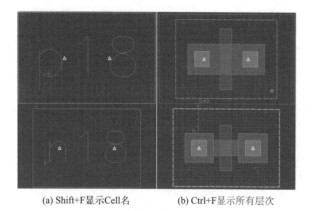

(a) Shift+F显示Cell名　　(b) Ctrl+F显示所有层次

图13-21　器件显示

图13-22　Create Label窗口

完整后的版图如图13-23所示。

画版图的过程中，几乎每画一个地方都有设计规则限制，在此处应该注意的设计规则是：

a. Minimum enclosure of a SN region beyond an N+ pick-up AA region if the distance between N+AA and P-Well >=0.43um 0.02u.

b. Minimum enclosure of a SN region beyond an N+ pick-up AA region if the distance between N+AA and P-Well < 0.43um 0.18u.

· To obey this rule and SN.3 simultaneously, the minimum space between N+ pick-up AA and SP active AA should be increased to 0.44um.

· To obey this rule and SN.5 simultaneously, the minimum space between N+ pick-up AA and SP active AA should be increased to 0.36um.

c. Minimum space between a SP region and a non-butted edge of N-well pick-up N+AA region if the distance between N+AA and P-well <0.43um 0.18u.

d. Minimum enclosure of a SP region beyond a P-Well pickup P+AA region if the distance between P+AA and N-Well >=0.43um 0.02u.

图13-23　四端完整的版图

e. Minimum space between a SN region and a non-butted edge of P+ pick-up AA region if the distance between P+AA and N-well >=0.43um 0.10u.

在这些规则中，有针对同一个地方的规则，比如a和b，都是针对PMOS管的衬底，即N阱阱接触中SN包N+有源区的距离，这时就需要它同时满足这两条规则，在之后的设计规则检查中才不至于报错。

② 连线。PMOS管和NMOS管的栅极用多晶硅相连，并在多晶硅上做一个多晶硅孔作

为输入端。PMOS管和NMOS管的漏极用第一层铝线（M1）连接作为输出端。PMOS管的源极和N阱的阱接触相连接，并连接到VDD；NMOS管的源极和整个版图衬底接触相连接，并连接到GND。通常情况下，VDD和GND的金属宽度都比较宽，所以在绘制版图的时候最好拉宽电源线和地线，如图13-24所示。

在此处应该注意的设计规则是：

a. Minimum/maximum contact size 0.22u.

b. Minimum enclosure of an AA region beyond an AA CT region 0.10u.

c. Minimum enclosure of a poly region beyond a poly CT region 0.01u.

d. Minimum width of M1 region 0.23u.

e. Minimum space between two M1 regions 0.23u.

13.1.4　CMOS反相器版图验证

■（1）设计规则检查（Design Rule Check，DRC）

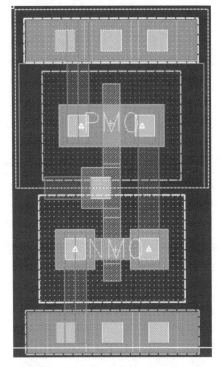

图13-24　连线完成的版图

步骤如下：

① 启动Argus DRC。在绘制版图界面点击Verify→Argus→Run Argus DRC...，如图13-25所示，启动Argus。弹出Argus Interactive-DRC窗口，点击左边Rules选项，通常都是默认填好的，核对路径选项Run Directory是否正确，再核对DRC文件File是否正确，如图13-26所示。

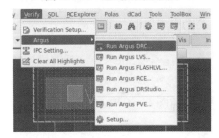

图13-25　启动Argus DRC窗口

然后点击Inputs选项，核对系统默认的版图是否是需要验证的版图，将Export from layout viewer打钩，自动转出版图.gds文件，如图13-27所示。

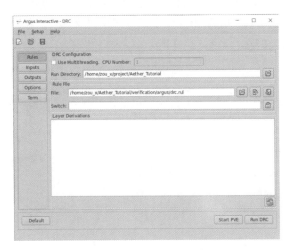

图13-26　DRC-Rules窗口

图13-27　DRC-Inputs窗口

再点击Outputs选项，确认输出文件名字，如图13-28所示。上述内容基本是系统默认的，验证之前需要确认一下。

② 运行。点击Run DRC，进行DRC验证，弹出Argus PVE窗口，显示DRC结果，如图13-29所示。

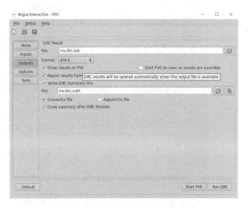

图13-28　DRC-Outputs窗口

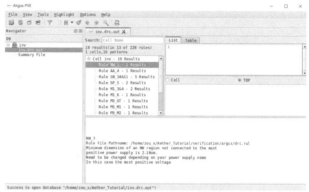

图13-29　DRC验证结果窗口

从图13-29可以看出，DRC检查了228条规则，目前还有13个地方没有通过DRC验证，从窗口下面部分可以看到详细错误。例如图13-29所示是NW宽度不够2.1μm的错误，可以双击窗口右侧List选项中的数字，在版图中定位错误的位置并加以修改，修改后保存并再跑一遍DRC，按照这个方法直至全部错误改完。

有一种Rule_PD_XX的错误，是属于密度错误。如果生产线没有特殊说明，则类似错误可以忽略。

如图13-30所示，反相器版图已经通过DRC验证。

■（2）版图与电路图一致性检查（Layout Versus Schematics，LVS）

步骤如下。

① 添加标识层。

在版图中需要添加与电路端口相对应的标识层，运行LVS的时候才能正常识别。点击快捷键L，弹出Create Label窗口，在Label处填入VDD。版图的标识层名字一定要和电路端口的名字一模一样。层次务必选择LSW中的M1TXT层，如图13-31所示。

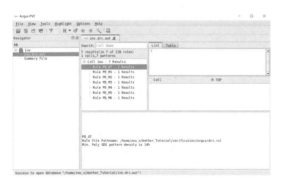

图13-30　DRC验证通过

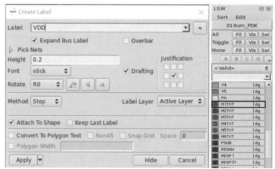

图13-31　增加标识层窗口以及使用的层次

点击Hide，将此Label放置在N阱接触的M1上。以同样方式添加GND、VIN和VOUT，完成后的版图如图13-32所示。

② 启动Argus LVS。在绘制版图界面点击Verify→Argus→Run Argus LVS...，如图13-33所示。

启动Argus，弹出Argus Interactive-LVS窗口，点击左边Rules选项，与DRC验证一样，通常都是默认填好的。核对路径选项Run Directory是否正确，再核对LVS文件File是否正确，如图13-34所示。

然后点击Inputs选项，核对系统默认的版图是否是需要验证的版图，将Export from layout viewer打钩，自动转出版图.gds文件，如图13-35所示。

点击网表Netlist选项，确认网表名字，将Export from schematic viewer打钩，自动转出网表.cdl文件，如图13-36所示。

再点击Outputs选项，确认输出文件名字，如图13-37所示。上述内容基本是系统默认的，验证之前需要确认一下。

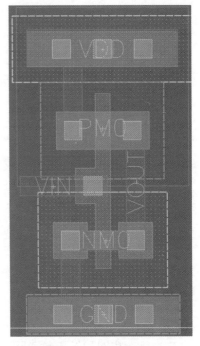

图13-32　版图加标识层

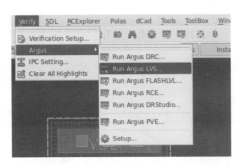

图13-33　启动Argus LVS窗口

图13-34　LVS-Rules窗口

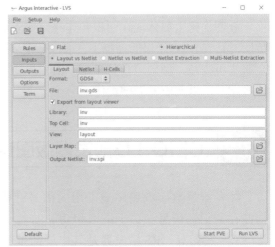

图13-35　LVS-Inputs窗口

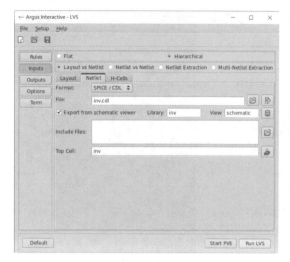

图13-36 网表窗口

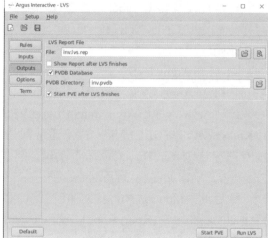

图13-37 LVS-Outputs窗口

③ 运行。点击Run LVS，进行LVS验证，弹出Argus PVE窗口，显示LVS结果，如图13-38所示。结果显示，匹配完成。

点击左边的LVS Report File，显示对号和PASS就说明LVS无错误，如图13-39所示。

图13-38 LVS验证结果窗口

图13-39 LVS报告窗口

13.1.5 CMOS反相器版图优化

版图优化主要体现在面积和连线，要求面积尽量小，连线尽量短且少。这就要求在设计版图时，在DRC无误的前提下，各项设计规则都遵守最小规则。在保证LVS无误的前提下，金属线不绕路，做到短且数量少。由于反相器版图管子个数少，而且在画图时使用了最小设计规则，所以此版图无须优化。

13.2 CMOS D触发器版图设计

触发器是数字电路中最常用的信号存储基本单元，具有记忆功能，可用于二进制数据储存，记忆信息。由于结构和功能的差别，触发器分为RS触发器、JK触发器、D触发器、T触发器等。RS触发器是其中最简单的一种触发器，其中R、S分别是英文复位、置位的缩写。RS触发器也叫基本R-S触发器，可以用与非门或者或非门实现，本实例用与非门实现。

基本R-S触发器由两个与非门输入、输出端交叉连接组成,主要有四种状态:

R=1,S=0,输出端Q置1;

R=0,S=1,输出端Q置0;

R=1,S=1,输出端Q保持不变;

R=0,S=0,不确定状态。

第四种不确定状态是不需要的状态,为了避免出现不确定状态,在RS触发器的基础上加上一个反相器,反相器的输入、输出端分别接RS触发器的R端和S端。同时为了存储数据,还需要有R=1,S=1的情况,所以在RS触发器和反相器的基础上再加上CP控制,就可以形成D触发器。

13.2.1 项目创建

建立库。在上个反相器设计中已经完成了相应的软件环境设置,后面的项目直接创建即可。

步骤:在Design Manager中点击File→New Library...,出现建立新设计库的窗口,填入项目名字D_flip_flop,并关联到指定的工艺库,如图13-40所示,点击OK。

13.2.2 CMOS D触发器电路图设计

■ (1)建立Cell/View视图文件

在Design Manager中点击Library中的库文件名D_flip_flop,再点击File→New Cell/View...,在New Cell/View窗口中,Cell Name处取名为D_flip_flop,View Type处按下拉菜单选择类型为Schematic,View Name就自动填入schematic,如图13-41所示,点击OK,弹出绘制电路图界面。

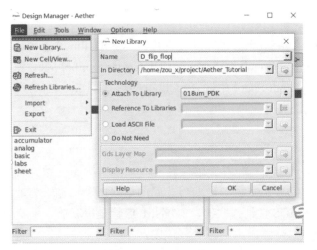

图13-40 建立库窗口

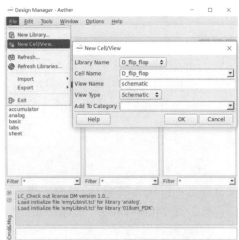

图13-41 New Cell/View(电路图创建)窗口

■ （2）拷入设计单元

通过分析可知D触发器需要一个反相器和四个与非门，可以直接用前一个反相器实例，需要将反相器设计单元拷贝到D_flip_flop设计库中。

方法一步骤：

打开之前画的反相器电路图，点击File→Save A Copy...，弹出Save a Copy窗口。这里需要将反相器设计单元拷贝到D_flip_flop设计库中，在Library Name行填入D_flip_flop；Cell Name行填入inv；View Name行填入schematic，如图13-42所示，点击OK。或者通过命令输入的方式拷入设计单元。

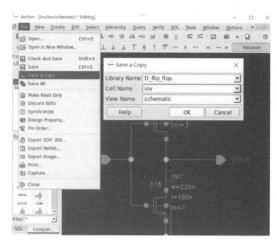

图13-42　拷入设计单元窗口

方法二步骤：

① 终端输入cd D_flip_flop，进入D_flip_flop库，输入pwd，查看路径。然后输入cd..，回到上级路径。

② 输入cd inv，进入inv库。

③ 输入cp -rf inv /home/zou_x/project/Aether_Tutorial/D_flip_flop，代表将设计单元inv拷贝到D_flip_flop库中，如图13-43所示。

这两种方法都可以达到相同的效果，将之前做好的inv设计单元拷到需要的设计库中。如果需要改参数，直接在D_flip_flop库中的inv视图文件中修改。

```
[zou_x@localhost Aether_Tutorial]$ cd D_flip_flop/
[zou_x@localhost D_flip_flop]$ pwd
/home/zou_x/project/Aether_Tutorial/D_flip_flop
[zou_x@localhost D_flip_flop]$ cd ..
[zou_x@localhost Aether_Tutorial]$ cd inv
[zou_x@localhost inv]$ cp -rf inv /home/zou_x/project/Aether_Tutorial/D_flip_flo
p
```

图13-43　用输入命令的方式拷贝设计单元

■ （3）创建Symbol

反相器电路图做好之后，需要将其打包成Symbol文件以便调用。打开D_flip_flop设计库中的inv电路视图文件，点击菜单栏Create→Symbol View...，弹出Create Symbol View窗口，点击Pin Options分配引脚的位置，在Symbol Shape中选择Symbol的形状，如图13-44所示。然后点击OK，完成symbol的创建，使用时只需调用即可。

■ （4）绘制电路图

D触发器包括1个反相器和4个二输入与非门，反相器已经做完，如果参数不一致，在此基础上，按快捷键q修改参数即可。下一步需要先画二输入与非门的电路图。二输入与非门包括2个PMOS管和2个NMOS管，2个PMOS管是并联的，2个NMOS管是串联的。

步骤如下：

① 建立二输入与非门Cell/View视图文件。按照前面所述方法建立二输入与非门电路

Cell/View视图文件，如图13-45所示。

图13-44　创建Symbol窗口

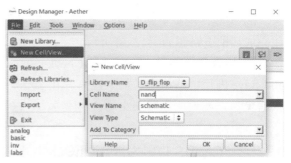

图13-45　创建二输入与非门电路视图窗口

② 调用器件。在新建电路图绘制窗口按快捷键i，从018um_PDK调用器件，由于PMOS管并联，所以并排摆放；由于NMOS管串联，所以纵向摆放。

③ 添加电源VDD、地GND以及输入、输出Pin。点击快捷键p，调出创建引脚窗口，填入引脚名，选择引脚类型，依次添加电源、地以及输入输出引脚。

④ 连线。按快捷键w开始连线，连线之后的电路图如图13-46所示，这里PMOS管和NMOS管以默认尺寸为例。

⑤ 检查与保存。点击菜单栏Check and Save进行电路检查，如果弹出Check & Save窗口，说明电路有error或者warning，需要一一改正。多数情况下，只有Solder dot on cross over at这种warning无须修改，如图13-47所示。保证电路无误后可以进行下一步。

⑥ 创建二输入与非门Symbol。按照上述方法创建二输入与非门Symbol，如图13-48所示。

⑦ 绘制D触发器电路图。打开之前创建的D触发器电路视图窗口，调用反相器和二输入与非门的Symbol。和调用器件类似，调用Symbol也是按快捷键i，弹出创建器件窗口，点击浏览图标，弹出Browser窗口，选择D_flip_flop库中的inv的Symbol，如图13-49所示；依次点击Close和Hide，将调用出来的inv放置在合适的位

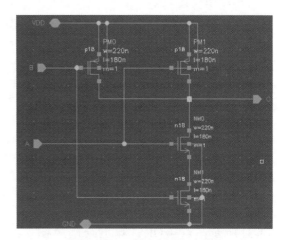

图13-46　二输入与非门电路图

图13-47　无须修改的warning

图13-48　创建二输入与非门Symbol窗口

置。以同样方式调用4个与非门放置在合适的位置。

⑧ 连线。根据电路图原理连线，连线完成后的电路图如图13-50所示。

⑨ 检查并保存。点击菜单栏Check and Save进行电路检查，如果没有弹出报错窗口，就说明电路图正确。

图13-49　调用Symbol窗口

13.2.3　CMOS D触发器版图设计

电路图设计完毕，下一步就可以根据电路图设计版图。

■（1）建立Cell/View视图文件

步骤：在Design Manager中先点击Library中的库文件名D_flip_flop，使之变成蓝色，然后点击File→New Cell/View...。在"New Cell/View"窗口中，Cell Name处取名为D_flip_flop，View Type处按下拉菜单选择类型为Layout，View Name就自动填入layout，如图13-51所示。点击OK，弹出绘制版图界面。

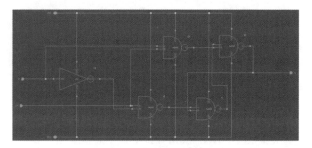

图13-50　D触发器电路图

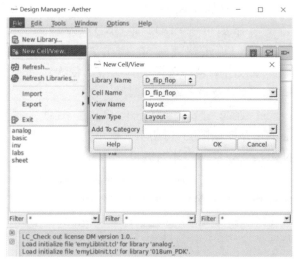

图13-51　版图创建窗口

■（2）绘制版图

通过电路图知道，D触发器有1个反相器和4个二输入与非门。二输入与非门属于重复器件，做好一个之后，重复调用即可。

步骤如下：

① 绘制反相器版图。在反相器案例中，PMOS管的参数为W=440nm，L=180nm；NMOS管的参数为W=220nm，L=180nm。假设这里需要用默认尺寸，在原来反相器基础上修改成默认尺寸，如图13-52所示。

② 绘制二输入与非门版图。建立D_flip_flop库中二输入与非门版图视图文件，如图13-53所示。

在版图绘制窗口按快捷键i，调出创建器件窗口，从018um_PDK库中选择PMOS管。根据电路图，PMOS管的参数为W=220nm，L=180nm；NMOS管的参数为W=220nm，L=180nm。2个PMOS管是并联的，可以共用源漏。2个NMOS管是串联的，也可以共用源漏。一次性调用2个PMOS管可以有以下两种方法：

a. 按快捷键i，弹出创建器件窗口，在Array选项中，Cols处填2，计算X-Pitch的距离，

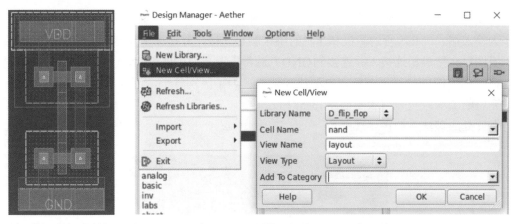

图 13-52 默认尺寸的反相器版图

图 13-53 建立设计单元二输入与非门版图视图窗口

点击 Hide 可以得到如图 13-54（b）所示的版图。

b. 在 Fingers 处填 2，如图 13-55 所示，也能得到共用源漏的管子。为了之后的连线方便以及美观，最好将 PMOS 管和 NMOS 管的栅极对齐摆放，如图 13-56 所示。这种方法不用计算 Pitch 值，更简单方便。

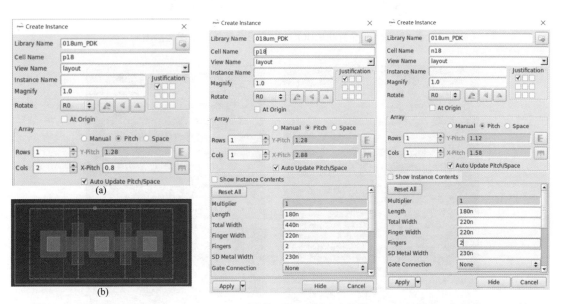

图 13-54 源漏共用 PMOS

图 13-55 创建 2 个并联 PMOS 管以及 2 个串联 NMOS 管

由于调用的器件是工艺库直接提供的，所以器件内部是不存在不符合规则的情况。此处需要注意的设计规则是：Minimum space between N-Well edge and N+ AA region which is outside an NW 0.43um。表明：N 阱到 N 阱以外的 N+ 有源区的最小距离为 0.43μm。

图 13-56 中无论是 PMOS 管还是 NMOS 管都缺少衬底，需要补充完整。PMOS 管的衬底是 N 阱阱接触，是一块 N 型有源区；NMOS 管的衬底是一块 P 型有源区。画版图时，需要满

足设计规则，需要注意的设计规则和做反相器补充衬底时一致，得到的版图如图13-57所示。

与反相器一致，PMOS管和NMOS管的栅极用多晶硅相连，并在多晶硅孔作为输入端。PMOS管的源极和N阱的阱接触相连接，并连接到VDD；NMOS管的源极和整个版图衬底接触相连接，并连接到GND。通常情况下，VDD和GND的金属宽度都比较宽，所以在绘制版图的时候需要拉宽电源线和地线。为了区别管子，可以点击快捷键1添加标识层，完整的二输入与非门版图如图13-58所示。

在此处应该注意的设计规则是：

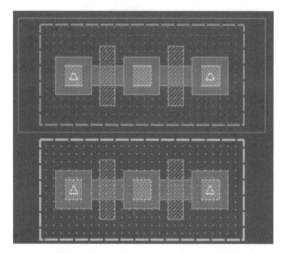

图13-56　2个并联PMOS管以及2个串联NMOS管版图

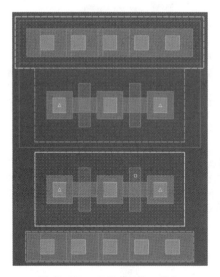

图13-57　四段完整的二输入
与非门版图

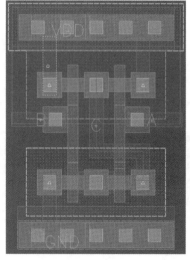

图13-58　完整的二输
入与非门版图

a. Minimum/maximum contact size 0.22u.
b. Minimum enclosure of an AA region beyond an AA CT region 0.10u.
c. Minimum enclosure of a poly region beyond a poly CT region 0.01u.
d. Minimum width of M1 region 0.23u.

e. Minimum space between two M1 regions 0.23u.

在布线过程中，如果遇到铝线走不开的情况，需要将器件在满足规则的情况下，上下拉伸或者左右拉伸。

③ 拼接D触发器版图。打开之前创建的D_flip_flop版图视图，从电路图可知，D触发器包括1个反相器和4个二输入与非门，共计5个设计单元。单个的反相器和二输入与非门版图已经做好，直接调用即可。

方法：点击快捷键i，弹出Create Instance窗口，选择D_flip_flop库中的inv版图，如图13-59所示，依次点击Close、Hide，完成反相器版图调用。再用同样方法调入4个二输入与非门版图。按照顺序摆放这5个设计单元，并根据电路图完成连线，如图13-60所示。

13.2.4 CMOS D触发器版图验证

■ （1）设计规则检查（DRC）

由于CMOS D触发器中有反相器和二输入与非门两种设计单元模块，特别是二输入与非门重复出现四次，所以最好先分别验证反相器和二输入与非门模块的DRC，验证通过后再做CMOS D触发器整体DRC，会大大减小出错率。

步骤如下。

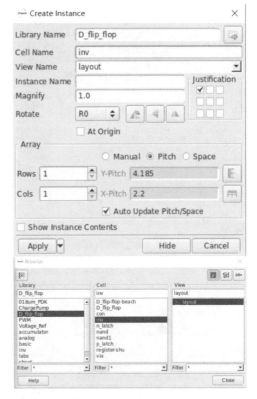

图13-59　调用版图设计单元

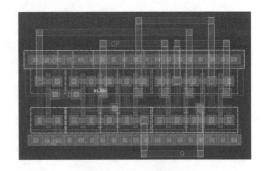

图13-60　D触发器版图

① 反相器版图DRC验证。在反相器版图界面点击点击Verify→Argus→Run Argus DRC…，启动Argus，弹出Argus Interactive-DRC窗口，检查系统默认的Rules选项、路径选项以及DRC文件是否正确，点击Run DRC，结果如图13-61所示。除了PD_XX的密度问题外，其他DRC错误已改正。

② 二输入与非门版图DRC验证。在二输入与非门版图绘制界面点击Verify→Argus→Run Argus DRC…，启动Argus，弹出Argus Interactive-DRC窗口，检查系统默认的Rules选项、路径选项以及DRC文件是否正确，点击Run DRC，结果如图13-62所示。除了PD_××的密度问题外，其他DRC错误已改正。

③ CMOS D触发器版图DRC验证。在D触发器版图绘制界面点击Verify→Argus→Run Argus DRC…，启动Argus，弹出Argus Interactive-DRC窗口，检查系统默认的Rules选项、路径选项以及DRC文件是否正确，点击Run DRC，结果如图13-63所示。

从图13-63可以看出，DRC检查了228条规则，目前还有135个地方没有通过DRC验证，从窗口下半部分可以看到详细错误。

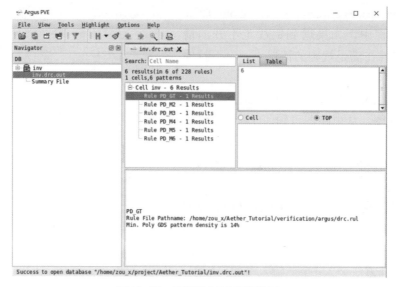

图13-61　反相器DRC运行结果

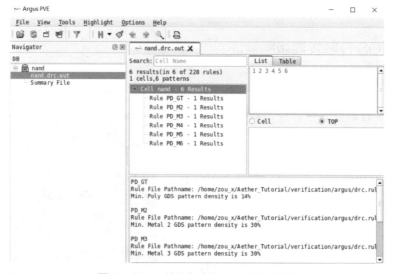

图13-62　二输入与非门DRC运行结果

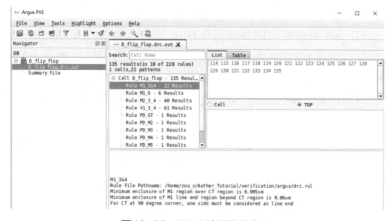

图13-63　DRC验证结果窗口

例如：第一条错误是Rule M1_3&4-22 Results，对应设计规则的M1.3和M1.4，如图13-64所示，共计22个。意思是M1包CT是0.005μm，M1线末尾区域包CT是0.06μm。

M1.3	Minimum enclosure of M1 region over CT region	0.005
M1.4	Minimum enclosure of M1 line end region beyond CT region For CT at 90 degrees corner, one side of metal enclosure must be considered as line end region.	0.06

图13-64　设计规则（M1_3&4）

双击右边的List内的数字，就可以在版图界面精准定位到错误。将M1线末端包CT尺寸变成0.06μm即可。根据上述方法，修改DRC错误，直至除了PD_××等密度错误外，其他错误全被改正，如图13-65所示。

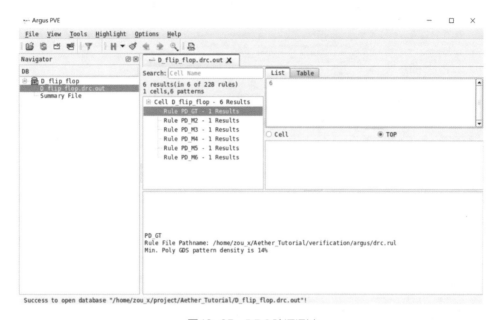

图13-65　DRC验证通过

■（2）版图与电路图一致性检查（LVS）

同DRC一样，最好先分别验证反相器和二输入与非门模块的LVS，验证通过后再做CMOS D触发器整体LVS，会大大减小出错率。

步骤如下。

① 反相器版图LVS验证。在反相器绘制版图界面点击Verify→Argus→Run Argus LVS...，启动Argus，弹出Argus Interactive-LVS窗口，确认系统默认的Rules选项、路径选项、LVS文件是否正确，然后点击Run LVS，结果如图13-66、图13-67所示。结果显示，匹配正确、报告无误，LVS验证完成。

② 二输入与非门版图LVS验证。在二输入与非门绘制版图界面点击Verify→Argu→Run Argus LVS...，启动Argus，弹出Argus Interactive-LVS窗口，确认系统默认的Rules选项、路径选项、LVS文件是否正确，然后点击Run LVS，结果如图13-68、图13-69所示。结果显示，匹配正确、报告无误，LVS验证完成。

图13-66 反相器LVS运行结果

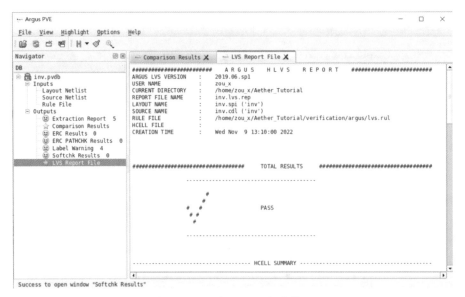

图13-67 反相器LVS报告结果

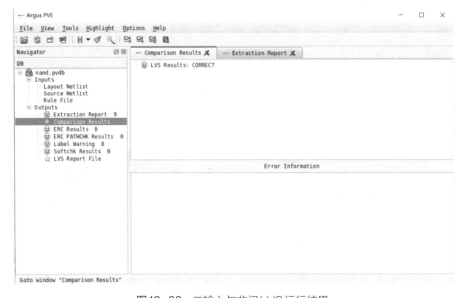

图13-68 二输入与非门LVS运行结果

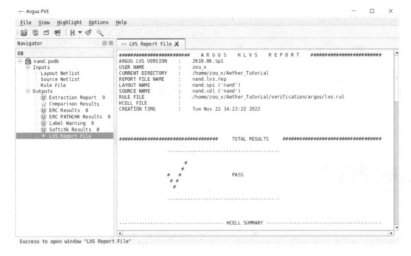

图13-69　二输入与非门LVS报告结果

图13-70　CMOS D触发器LVS运行结果

③ CMOS D触发器版图LVS验证。在D触发器绘制版图界面点击Verify → Argus → Run Argus LVS…，启动Argus，弹出Argus Interactive-LVS窗口，确认系统默认的Rules选项、路径选项、LVS文件是否正确，然后点击Run LVS，结果如图13-70、图13-71所示。结果显示，匹配正确、报告无误，LVS验证完成。

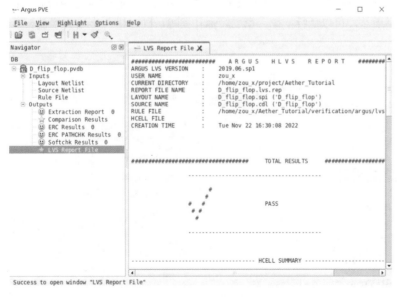

图13-71　CMOS D触发器LVS报告结果

13.2.5 CMOS D触发器版图优化

同反相器优化方式一致，版图优化主要体现在面积和连线，要求面积尽量小，连线尽量短且少。由于在画图时注意使用了最小设计规则，并且在布局前仔细规划过，使其连线较短且少，所以此版图的优化在画图时已经完成。优化版图后，也需要重新跑一遍DRC和LVS，确保验证无误。

13.3 运算放大器版图设计

运算放大器是一个内含多级放大电路的电子集成电路，其输入级是差分放大电路，具有高输入电阻和抑制零点漂移能力；中间级主要进行电压放大，具有高电压放大倍数，一般由共射极放大电路构成；输出极与负载相连，具有带载能力强、低输出电阻特点。

在模拟电路中，运算放大器的设计占据重要地位。而两级运放可以同时实现较高增益和较大输出摆幅，其设计思路是将增益和摆幅要求分别处理，而不是在同一级中兼顾增益和摆幅。即运用第一级放大器得到高增益，可以牺牲摆幅；第二级放大器主要实现大输出摆幅，以补偿第一级牺牲的摆幅，并进一步提升增益，从而克服了单级运放增益与摆幅之间的矛盾，同时实现了高增益和大摆幅。

本节设计的运放主体结构为两个单级放大器——差分输入级和共源增益级，辅助电路为偏置电路和频率补偿电路。差分输入级采用PMOS输入对管，NMOS电流镜负载；共源级采用NMOS放大管，PMOS负载管；由六个MOS管和一个电阻构成的电流源为两级放大电路提供偏置；一个电阻和一个电容构成频率补偿电路，连接在共源级的输入输出之间作为密勒补偿。

该运放的工作原理：信号由差分对管两端输入，差模电压被转化为差模电流，差模电流作用在电流镜负载上又转化成差模电压，信号电压在第一次放大后被转化为单端输出，随即进入共源级，再一次被放大后从漏极输出。电路特点是通过两级结构可以同时满足增益和输出摆幅的要求，即第一级提供高增益，可以牺牲摆幅，第二级弥补摆幅，同时进一步增大增益。

13.3.1 项目创建

按照之前所讲，建立运算放大器库文件，如图13-72所示。

13.3.2 运算放大器电路图设计

■（1）建立Cell/View视图文件

在Design Manager中点击Library中的库文件名Amplifier，再点击File→New Cell/View...，在"New Cell/View"窗口中，Cell Name处取名为Amplifier，View

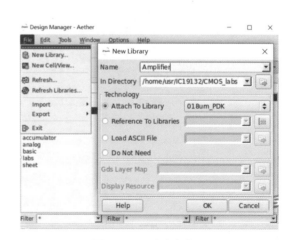

图13-72　建立库窗口

Type处按下拉菜单选择类型为Schematic，View Name就自动填入schematic，如图13-73所示。点击OK，弹出绘制电路图界面。

- （2）绘制电路图

根据两级运算放大电路的原理，设计出电路，并绘制电路图，如图13-74所示。

- （3）检查与保存

点击菜单栏Check and Save进行电路检查，如果弹出"Check & Save"窗口，说明电路有error或者warning，需要一一改正。多数情况下，只有Solder dot on cross over at这种warning无须修改，保证电路无误后可以进行下一步。

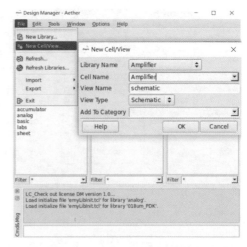

图13-73　New Cell/View（电路图创建）窗口

13.3.3　运算放大器版图设计

电路图设计完毕，下一步就可以根据电路图设计版图。

- （1）建立Cell/View视图文件

步骤：在Design Manager中先点击Library中的库文件名Amplifier，使之变成蓝色，然后点击File→New Cell/View...，在"New Cell/View"窗口中，Cell Name处取名为Amplifier，View Type处按下拉菜单选择类型为Layout，View Name就自动填入layout，如图13-75所示。点击OK，弹出绘制版图界面。

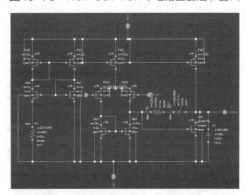

图13-74　CMOS两级运放电路图

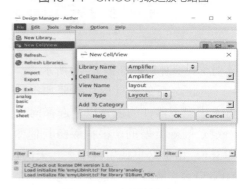

图13-75　版图创建窗口

- （2）绘制版图

在该二级运算放大器中，要求PMOS差分对管PM4、PM5对称；NMOS电流镜负载NM2、NM3对称；偏置电路中PM0、PM1、PM2对称，以及NM0、NM1对称；如图13-76中方框所示。

先将需要匹配的管子做好，不需要匹配的管子可以用来填充管子和管子之间的空隙。例如：如图13-77所示的偏置电路，上面的PMOS管的比例是1∶4，下面的NMOS管的比例也为1∶4，PMOS管和NMOS管不仅需要单独匹配，而且最好将上下PMOS管和NMOS管也做成匹配的，如图13-78所示。

由图13-78可知，上面的PMOS管和下面的NMOS管首先分别做到了BBABB的匹配，电路整体也做成了一个对称轴式的匹配。并且为了更好地匹配，两侧加了dummy棒。

同样，图13-79所示的PMOS差分对管以及NMOS电流镜负载也需要先各自对称，再整

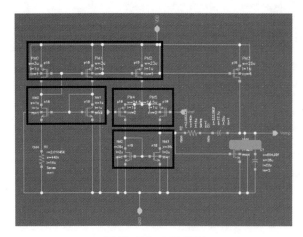

图13-76 对称管子

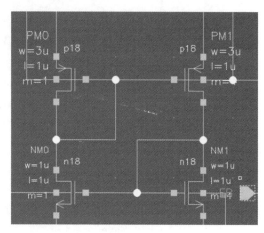

图13-77 偏置电路需要匹配的管子

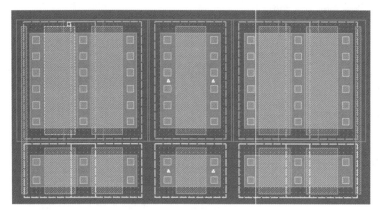

图13-78 偏置电路需要匹配的管子版图

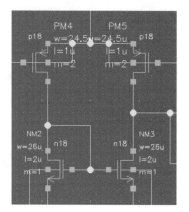

图13-79 需要匹配的差分对管以及电流镜负载电路

体对称，具体版图如图13-80所示。

匹配之后的器件同样需要加dummy棒，使匹配效果更好。需要匹配的器件做完之后，再考虑剩下器件的放置以及选择问题。此二级运算放大器有两个2kΩ的电阻，这两个电阻一定是同等类型的。根据版图其他器件的大小，选择rppo电阻。有两个电容，分别是1pF和3pF，由于这里使用的华大九天的0.18μm工艺库中，只有MIM电容，所以电容只能使用MIM电容。MIM电容的缺点是面积大，但是可以放置在其他器件的上面，能够减小点面积，整体版图如图13-81所示。在这里MIM电容使用的是M5和M6金属层，而其他设计用的最上层金属是M2，所以在连接电容和其他器件的时候，注意需要将连接电容的铝线通过通孔一层层降到M2或者M1上。

13.3.4 运算放大器版图验证

■ （1）设计规则检查（DRC）

步骤如下。

① 启动Argus DRC。在绘制版图界面点击Verify→Argus→Run Argus DRC...，启动

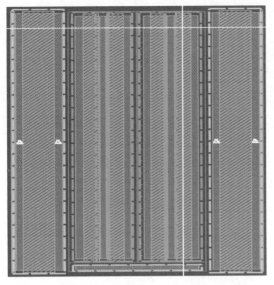
图13-80　需要匹配的差分对管以及电流镜负载版图

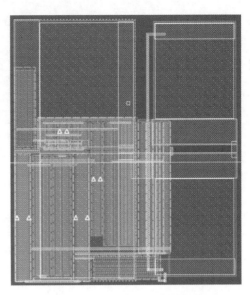
图13-81　运算放大器整体版图

Argus。弹出"Argus Interactive-DRC"窗口，依次点击左边Rules、Inputs、Outputs选项，核对各选项是否正确，通常都是默认填好的。

② 运行。点击Run DRC，进行DRC验证，弹出"Argus PVE"窗口，显示DRC结果。按照上面所讲的内容逐一改正DRC错误，改正后重新跑一遍DRC，反复进行这个过程，直到最后只剩下PD_*等密度错误，表示DRC验证完成，如图13-82所示。

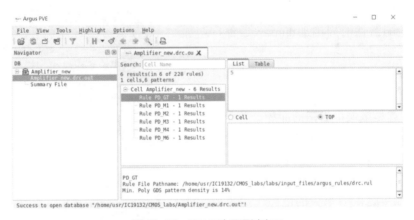
图13-82　DRC验证通过窗口

■ （2）版图与电路图一致性检查（LVS）

步骤如下。

① 添加标识层。点击快捷键L，弹出Create Label窗口，逐一添加版图的标识层名字。注意：版图的Label名一定要和电路端口的名字一模一样，层次务必选择LSW中的M*TXT层，并放置在相应的M*铝线上。

② 启动Argus LVS。在绘制版图界面点击Verify→Argus→Run Argus LVS...，启动Argus。弹出"Argus Interactive-LVS"窗口，依次点击左边Rules、Inputs、Outputs选项，核对各选项是否正确，通常都是默认填好的。

③ 运行。点击Run LVS，进行LVS验证，弹出"Argus PVE"窗口，显示LVS结果，按照上面讲述的方法逐一改正LVS错误，并反复运行LVS，直至错误全部改正完毕，如图13-83所示。结果显示，匹配完成。

图13-83　LVS验证结果窗口

点击左边的LVS Report File，显示对号和PASS，就说明LVS无错误，至此，运算放大器版图的LVS验证完成。

13.3.5　运算放大器版图优化

此次设计的运算放大器版图的优化要点在于器件的匹配。先设计匹配器件，后设计其他器件。在设计匹配器件时，通常使用的是轴对称式匹配，并在匹配器件的周围加dummy器件，增加匹配度。

另外，版图优化主要体现在面积和连线，要求面积尽量小，连线尽量短且少。所以在设计版图时，就应该注意尽量缩小版图的面积。各条设计规则如果满足最小规则，那么版图的面积也会随之缩小，但是也增加了版图设计以及修改的难度。

最后可以在此模块外面添加保护环，如图13-84所示。如果是做一个大的电路，运算放大器只是其中的一个模块，那么这里面的电容可以拿出来，等到最后拼接整体版图的时候，再加到其他器件的上方以节省整体版图面积。优化版图后，也需要重新跑一遍DRC和LVS，确保验证无误。

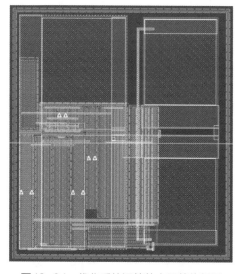

图13-84　优化后的运算放大器整体版图

13.4　带隙基准源电路版图设计

带隙基准，英文bandgap voltage reference，常常有人简单地称它为Bandgap。最经典的带隙基准是利用一个具有正温度系数的电压与具有负温度系数的电压之和，二者温度系数相互抵消，实现与温度无关的电压基准，约为1.23V。因为其基准电压与硅的带隙电压差不多，所以称为带隙基准。

在模拟电路版图设计方面，CMOS工艺的带隙基准源也是具有代表性的，结构有很多，不同的结构要有不同的布局方案。但是不论电路如何变化，在CMOS工艺下，电路一般都要包含匹配双极型晶体管和匹配电阻，而且影响带隙基准电压精度的因素主要也是匹配BJT和匹配电阻的布局。

根据带隙基准的原理，设计基准电压源的要点在于流过匹配三极管BE结的电流形成严格的比例。本设计采用串联电流镜的方式，使得流过三极管BE结的电流得到较好的比例。

13.4.1 项目创建

按照之前所讲，建立带隙基准电路库文件，如图13-85所示。

13.4.2 带隙基准源电路图设计

■ （1）建立Cell/View视图文件

在Design Manager中点击Library中的库文件名Voltage_Reference，再点击File→New Cell/View...，在"New Cell/View"窗口中，CellName处取名为Voltage_Reference，View Type处按下拉菜单选择类型为Schematic，View Name就自动填入schematic，如图13-86所示。点击OK，弹出绘制电路图界面。

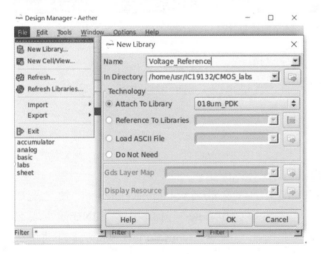

图13-85　建立库窗口　　　　图13-86　New Cell/View（电路图创建）窗口

■ （2）绘制电路图

根据带隙基准源电路的原理，设计出电路，并绘制电路图，如图13-87所示。

对于本次设计的带隙基准源，图13-87中框出来的匹配双极型晶体管的比例为1:24，由于设计库中三极管不支持m值，所以在这里使用的是将三极管做并联，即同极相连：集电极和集电极相连，基极和基极相连，发射极和发射极相连。24个三极管并联就相当于m=24，如图13-88所示。

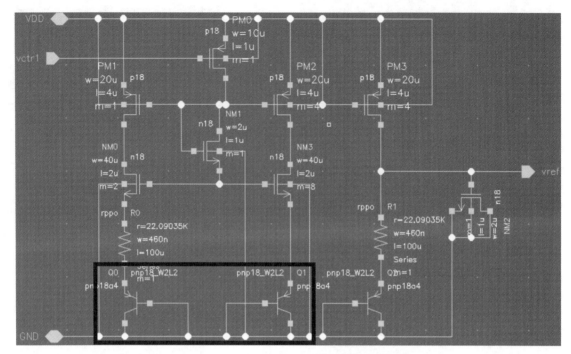

图13-87 带隙基准源电路图

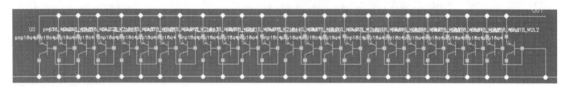

图13-88 24个晶体管并联

■ （3）检查与保存

点击菜单栏Check and Save，进行电路检查，保证电路无误后可以进行下一步。

13.4.3 带隙基准源电路版图设计

电路图设计完毕，下一步就可以根据电路图设计版图了。

步骤：在Design Manager中先点击Library中的库文件名Voltage_Reference，使之变成蓝色，然后点击File→New Cell/View...，在"New Cell/View"窗口中，CellName处取名为Voltage_Reference，View Type处按下拉菜单选择类型为Layout，View Name就自动填入layout，如图13-89所示。点击OK，弹出绘制版图界面。

此次设计按照之前所讲的方法，先将需要匹配的管子做好，不需要匹配的管子可以用来填充管子和管子之间的空隙。在该带隙基准源电路中，按照匹配的优先级选择设计器件的顺序。在这个模块中，最重要的匹配是1∶24的双极型晶体管，所以版图最开始设计的应该是这25个晶体管。25个晶体管，正好可以做成5×5的矩阵晶体管，1放在正中间，其余24个晶体管将1包围。图13-90中，方框中就是那个1。

根据电路，要求基极和集电极连在一起接地，所以可使用M1将基极和集电极连在一起，

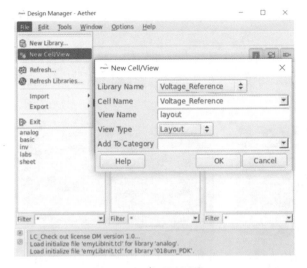

图13-89 版图创建窗口

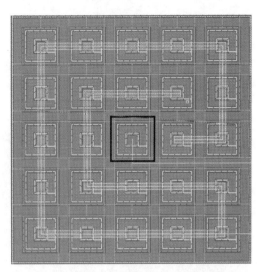

图13-90 1∶24双极管匹配画法

此次设计的发射极连接采用的是二层铝线，走蛇形画法使24个管子并联，如图13-91所示。

再来看其他的匹配器件。电路中有一个电流镜，由1∶4的PMOS管和2∶8的NMOS管组成，见图13-92中的矩形框，应该先使PMOS管单独匹配，NMOS管单独匹配，再将PMOS管和NMOS管做成整体的轴对称匹配。

具体的设计方式是PM1、PM2采用2∶1∶2的方式进行匹配，即PM2（2个）∶PM1（1个）∶PM2（2个）；NM0和NM3采用4∶1∶1∶4的方式进行匹配，即NM3（4个）∶NM0（1个）∶NM0（1个）∶NM3（4个）。PM3也分成2∶2的形式放置在PM2的两侧，如图13-93所示，两边最好加上dummy棒。

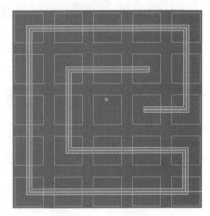

图13-91 24个晶体管并联时发射极的连线

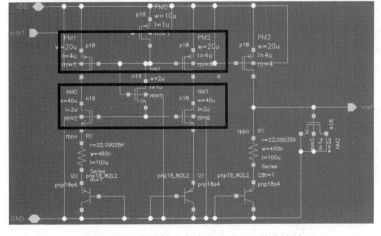

图13-92 带隙基准电路中需要匹配的电流镜

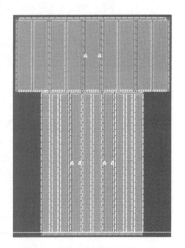

图13-93 电流镜匹配方法

电路中的R0和R1电阻也需要进行精确匹配,如图13-94所示。电阻匹配版图如图13-95所示。

剩下的器件就可以做填空处理了,最后将各个器件根据电路图连接,M1和M2的铝线最好是垂直关系,这么做不仅可以使连线顺利,还可以减少铝线之间的寄生电容,最终带隙基准源的整体版图如图13-96所示。

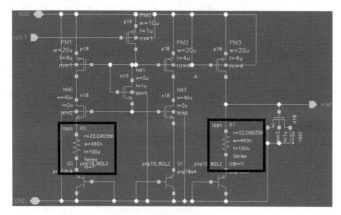

图13-94 电路中需要匹配的电阻

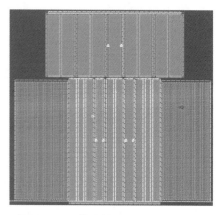

图13-95 带隙基准源电路中的电阻匹配版图

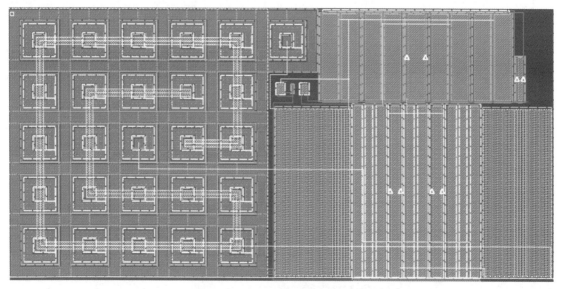

图13-96 带隙基准源电路整体版图

13.4.4 带隙基准源电路版图验证

- **(1)设计规则检查(DRC)**

步骤如下。

① 启动Argus DRC。在绘制版图界面点击Verify → Argus → Run Argus DRC...,启动Argus。弹出"Argus Interactive-DRC"窗口,依次点击左边Rules、Inputs、Outputs选项,核对各选项是否正确,通常都是默认填好的。

② 运行。点击Run DRC，进行DRC验证，弹出"Argus PVE"窗口，显示DRC结果。按照上面所讲的内容逐一改正DRC错误，改正后重新跑一遍DRC，反复进行这个过程，直到最后只剩下PD_*等密度错误，表示DRC验证完成，如图13-97所示。

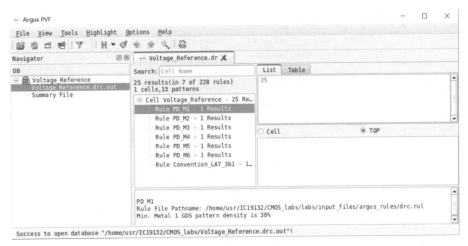

图13-97　DRC验证通过窗口

- **（2）版图与电路图一致性检查（LVS）**

步骤如下：

① 添加标识层。点击快捷键L，弹出Create Label窗口，逐一添加版图的标识层名字。注意：版图的Label名一定要和电路端口的名字一模一样，层次务必选择LSW中的M*TXT层，并放置在相应的M*铝线上。

② 启动Argus LVS。在绘制版图界面点击Verify→Argus→Run Argus LVS…，启动Argus。弹出"Argus Interactive-LVS"窗口，依次点击左边Rules、Inputs、Outputs选项，核对各选项是否正确，通常都是默认填好的。

③ 运行。点击Run LVS，进行LVS验证，弹出"Argus PVE"窗口，显示LVS结果，按照上面讲述的方法逐一改正LVS错误，并反复运行LVS，直至错误全部改正完毕，如图13-98所示。结果显示，匹配完成。

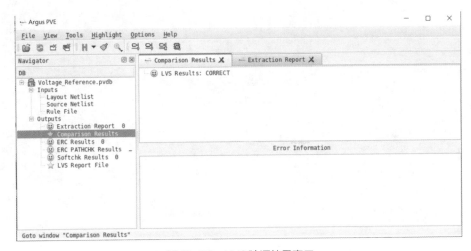

图13-98　LVS验证结果窗口

第13章　版图设计实例以及设计技巧　◀　197

点击左边的LVS Report File，显示对号和PASS，就说明LVS无错误，如图13-99所示。至此，运算放大器版图的LVS验证完成。

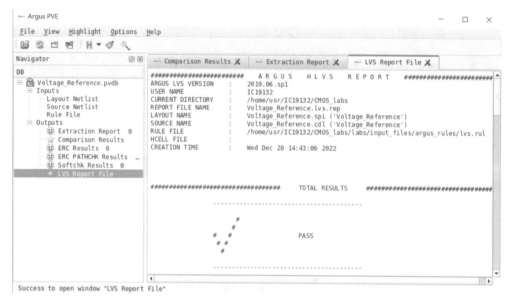

图13-99　LVS验证报告窗口

13.4.5　带隙基准源电路版图优化

带隙基准源电路版图优化的要点在于器件的匹配。按照器件重要程度以及匹配优先级进行版图布局设计，本着最重要的器件最先设计的原则。此次设计是完全按照这个要求进行的，所以后期的优化只需要添加保护环，并进行铝线的优化即可。走铝线的过程中，使相邻的铝线覆盖面积尽量小，例如M1和M2，M2和M3等，由于它们距离较近，所以寄生电容比较大，优化后的版图如图13-100所示。优化版图后，也需要重新跑一遍DRC和LVS，确保验证无误。

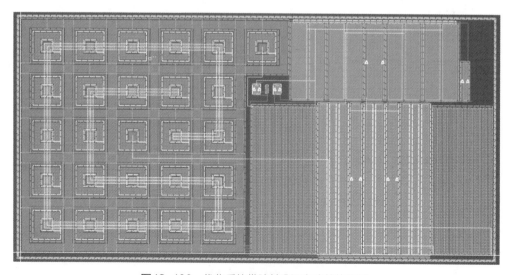

图13-100　优化后的带隙基准源电路整体版图

13.5 比较器版图设计

电压比较器（以下简称比较器）是一种常用的集成电路。电压比较器的工作原理是将一个模拟量电压信号和一个参考固定电压相比较，在二者幅度相等的附近，输出电压将产生跃变，相应输出高电平或低电平。比较器可以组成非正弦波形变换电路，可应用于模拟与数字信号转换等领域。接到正，就是电压比较器。接到负，就成放大器了。

13.5.1 项目创建

按照之前所讲，建立比较器库文件，如图13-101所示。

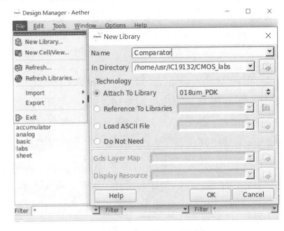

13.5.2 比较器电路图设计

- （1）建立Cell/View视图文件

在Design Manager中点击Library中的库文件名Comparator，再点击File→New Cell/View...。在"New Cell/View"窗口中，Cell Name处取名为Comparator，View Type处按下拉菜单选择类型为Schematic，View Name就自动填入schematic，如图13-102所示。点击OK，弹出绘制电路图界面。

图13-101　建立库窗口

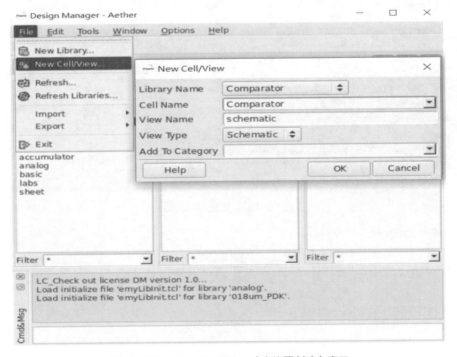

图13-102　New Cell/View（电路图创建）窗口

■ （2）绘制电路图

本次设计了一个PWM调制电路，是一个电压比较器模块。将vamp信号和锯齿波信号OSC进行比较，产生PWM信号。若vamp的电压高于锯齿波OSC的电压，产生的PWM信号为高电平；反之，为低电平。当反馈端信号FB的电压升高时，vamp端电压降低，则PWM的同相输入端的电压降低，与锯齿波信号OSC比较之后，产生的PWM信号的高电平时间变小，即PWM信号的占空比减小，功率开关管的开启时间减小，反之增大。

IN+输入vamp信号，IN-输入锯齿波信号OSC，vbias2输入偏置电压，PWM端输出调制信号。由具体电路（图13-103）可知，该电路采用两个完全一样的PMOS管MP0和MP1作为差分对输入管，两个输入信号哪个信号低，哪个管子的开启状况就较好，流过的电流就较大，同时其输出电压也较高。二者分别控制两个NMOS管MN11和MN12，当IN-端电压低于IN+端电压时，流过MPl的电流就较大，MN12的栅电压较高，处于导通状态，PWM端输出高电平；反之，输出则为低电平。而MN15是为防止MN11栅电压过高引起的电流过大而设定的。当反馈端FB的电压升高时，vamp端电压降低，则PWM的同相输入端的电压也降低，与锯齿波信号进行比较后，产生的PWM信号占空比减小，即高电平时间变小，这样功率开关管的开启时间减小；当反馈端FB的电压下降时，Amplifier模块的输出信号电压升高，此时需要PWM信号的高电平时间增加，增大功率开关管的开启占空比，向外部输出更多电流，达到了调节电压的作用。

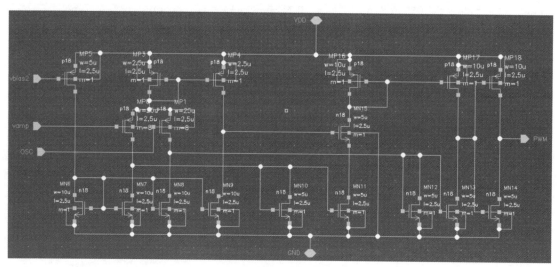

图13-103　比较器电路图

■ （3）检查与保存

点击菜单栏Check and Save进行电路检查，保证电路无误后可以进行下一步。

13.5.3　比较器版图设计

电路图设计完毕，下一步就可以根据电路图设计版图。

■ (1) 建立Cell/View视图文件

步骤：在Design Manager中先点击Library中的库文件名Comparator，使之变成蓝色，然后点击File→New Cell/View...。在"New Cell/View"窗口中，Cell Name处取名为Comparator，View Type处按下拉菜单选择类型为Layout，View Name就自动填入layout，如图13-104所示。点击OK，弹出绘制版图界面。

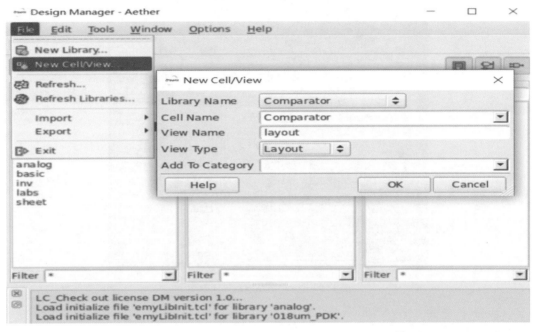

图13-104 版图创建窗口

■ (2) 绘制版图

先对电路进行分析、查看，按照重要程度的优先级进行版图设计。差分输入对管PMOS管和下面的NMOS应该是匹配关系，如图13-105中的方框所示。

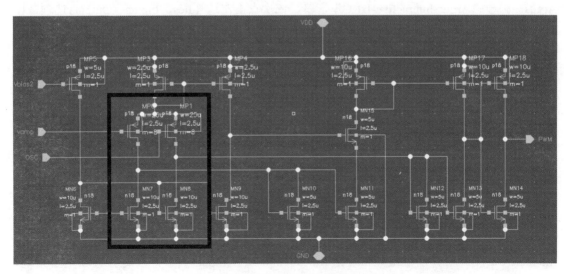

图13-105 需要匹配的管子

仔细观察电路，可以发现MP0、MP1这两个PMOS对管的衬底不是接VDD的，而是和源极一起接到了上面MP3管子的漏极上。根据之前所讲的合并阱的原则，这两个管子不能和其他的PMOS管合阱，必须单独拿出来。由于MP1、MP2这两个管子的衬底是接在一起的，这两个管子可以放在同一个阱里面，这个地方是比较容易出错的，在设计版图的时候需要格外注意。整体版图如图13-106所示。

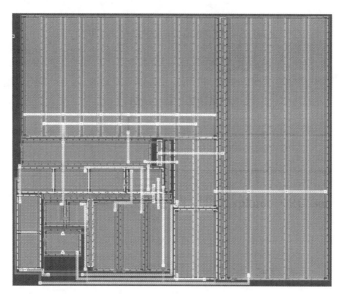

图13-106　运算放大器整体版图

13.5.4　比较器版图验证

- （1）设计规则检查（DRC）

步骤如下。

① 启动Argus DRC。在绘制版图界面点击Verify→Argus→Run Argus DRC...，启动Argus。弹出"Argus Interactive-DRC"窗口，依次点击左边Rules、Inputs、Outputs选项，核对各选项是否正确，通常都是默认填好的。

② 运行。点击Run DRC，进行DRC验证，弹出"Argus PVE"窗口，显示DRC结果。按照上面所讲的内容逐一改正DRC错误，改正后重新跑一遍DRC，反复进行这个过程，直到最后只剩下PD_*等密度错误，表示DRC验证完成，如图13-107所示。

- （2）版图与电路图一致性检查（LVS）

步骤如下。
① 添加标识层。
点击快捷键L，按照之前的方法，逐一添加版图的标识层名字，保证层次和方式正确。
② 启动Argus LVS。
在绘制版图界面点击Verify→Argus→Run Argus LVS...，启动Argus。弹出"Argus Interactive-LVS"窗口，依次点击左边Rules、Inputs、Outputs选项，核对各选项是否正确，通常都是默认填好的。

③ 运行。

点击Run LVS，进行LVS验证，弹出"Argus PVE"窗口，显示LVS结果，按照上面讲述的方法逐一改正LVS错误，并反复运行LVS，直至错误全部改正完毕，如图13-108所示。结果显示，匹配完成。

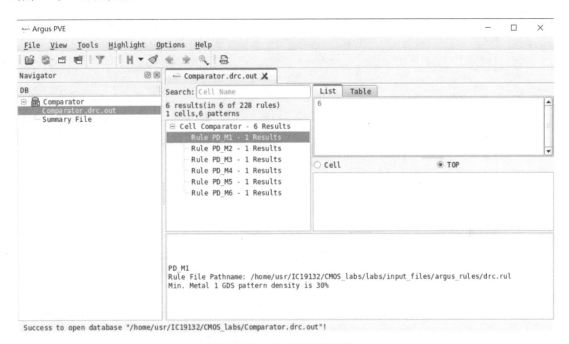

图13-107　DRC验证通过窗口

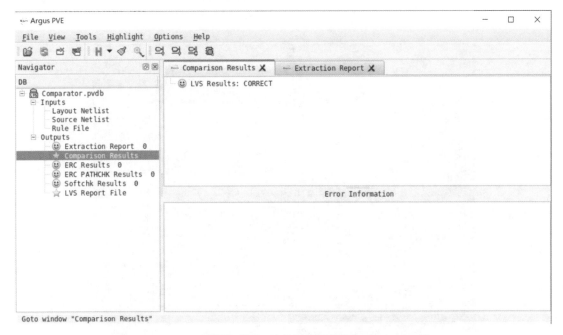

图13-108　LVS验证结果窗口

点击左边的LVS Report File，显示对号和PASS，就说明LVS无错误，如图13-109所示。至此，运算放大器版图的LVS验证完成。

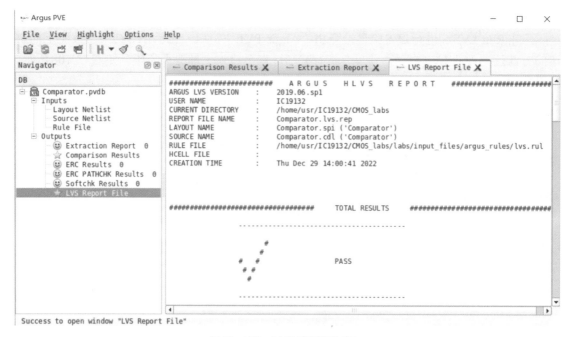

图13-109　LVS验证报告窗口

13.5.5　比较器版图优化

对于比较器器件的优化,和前面讲述的一样,加上保护环,并优化铝线。在布局上,尽量做成矩形,长宽比不超过1.5:1,优化后的版图如图13-110所示。优化版图后,也需要重新跑一遍DRC和LVS,确保验证无误。

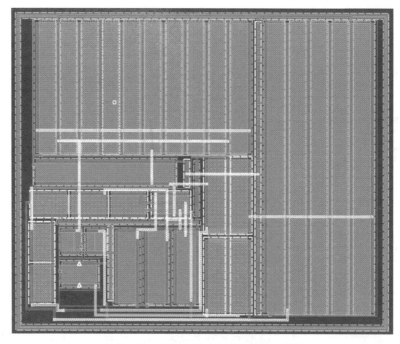

图13-110　优化后的比较器电路整体版图

本章小结

本章主要通过设计实例对版图设计的流程和步骤进行详细的讲解。

习题

1. 请试着自己走一遍反相器版图设计全流程。
2. 请试着自己走一遍D触发器版图设计全流程。
3. 请试着自己走一遍运算放大器版图设计全流程。
4. 请试着自己走一遍带隙基准源版图设计全流程。
5. 请试着自己走一遍比较器版图设计全流程。

参考文献

[1] 温德通. 集成电路制造工艺与工程应用[M]. 北京:机械工业出版社, 2022.

[2] Alan Hastings. 模拟电路版图的艺术[M]. 第2版. 张为, 等译. 北京: 电子工业出版社, 2018.

[3] 毕查德·拉扎维. 模拟CMOS集成电路设计[M]. 第2版. 陈贵灿, 程军, 张瑞智, 等译. 西安: 西安交通大学出版社, 2003.

[4] Jan M Rabaey, Anantha Chandrakasan, Borivoje Nikolic. 数字集成电路——电路、系统与设计[M]. 周润德, 等译. 第2版. 北京: 电子工业出版社, 2017.

[5] 居水荣. 集成电路项目化版图设计[M]. 北京: 电子工业出版社. 2015.

[6] 陆学斌. 集成电路EDA设计——仿真与版图实例[M]. 北京: 北京大学出版社, 2018.

[7] 陆学斌. 集成电路版图设计[M]. 北京: 北京大学出版社, 2012.

[8] 姜岩峰, 张晓波. 集成电路设计实验和实践[M]. 北京: 化学工业出版社, 2009.

[9] 刘锡锋. 集成电路版图设计项目式教程[M]. 北京: 电子工业出版社, 2014.

[10] Christopher Saint, Judy Saint. 集成电路版图基础——实用指南[M]. 北京: 清华大学出版社, 2006.